早做完，不加班

Excel

函数应用效率手册

文杰书院◎编著

清华大学出版社
北京

U0645974

内 容 简 介

本书共分为9章，融合了最新的AI办公应用案例，助力读者掌握Excel在运用函数公式过程中实用且高效的办公技能。其主要内容包括公式与函数到底是什么、逻辑函数的判断与选择、进行数学运算与数据统计、文本和信息数据处理、查找引用数据的方法、分析日期和时间、财务管理与应用、数据库统计与应用、错误值及常见问题等方面的知识与技巧。这些内容能有效帮助读者解决职场办公领域中的实际问题，快速提升职场竞争力。

本书充分考虑读者的实操水平，语言通俗易懂，内容由易到难，适合需要使用Excel函数和公式处理工作的办公人员和财会人员阅读。同时，本书还可以作为高等院校、培训机构、企业内部培训的教学配套教材或学习参考用书。

本书封面贴有清华大学出版社防伪标签，无标签者不得销售。

版权所有，侵权必究。举报：010-62782989，beiqinquan@tup.tsinghua.edu.cn。

图书在版编目(CIP)数据

早做完，不加班：Excel函数应用效率手册 / 文杰书院编著. -- 北京：清华大学出版社，2025.5(2025.11重印). --ISBN 978-7-302-68985-0

Ⅰ.TP391.13

中国国家版本馆CIP数据核字第2025KS0613号

责任编辑：魏 莹
封面设计：李 坤
责任校对：么丽娟
责任印制：杨 艳
出版发行：清华大学出版社
　　　　网　　　址：https://www.tup.com.cn, https://www.wqxuetang.com
　　　　地　　　址：北京清华大学学研大厦A座　　邮　　编：100084
　　　　社 总 机：010-83470000　　　　邮　　购：010-62786544
　　　　投稿与读者服务：010-62776969, c-service@tup.tsinghua.edu.cn
　　　　质量反馈：010-62772015, zhiliang@tup.tsinghua.edu.cn
印 装 者：小森印刷（天津）有限公司
经　　销：全国新华书店
开　　本：187mm×250mm　　印　　张：13.5　　字　　数：292千字
版　　次：2025年6月第1版　　　　　　　印　　次：2025年11月第2次印刷
定　　价：79.00元

产品编号：105805-01

前言

函数是 Excel 知识体系中最重要的一部分。本书按照 Excel 函数的功能进行编排，系统地对 Excel 中常用函数逐一进行语法讲解，并给出了应用实例。在讲解函数的过程中，除详细说明语法和给出案例操作步骤外，还结合具体图表，向读者展示了 Excel 函数的精髓。

一、本书能学到什么

本书以 Excel 2021 为例，兼容 Excel 早期版本，在编写过程中，我们根据读者的学习习惯，采用由浅入深、由易到难的方式进行讲解。无论是基础知识安排，还是办公应用技能的训练，都充分考虑了用户的需求。全书结构清晰，内容丰富，主要包括以下 3 个方面的内容。

1. 公式与函数的基础知识

本书第 1 章介绍了公式与函数到底是什么，包括怎样在 Excel 中使用公式、公式中的运算符、在公式中引用单元格、使用函数编写公式，以及使用 WPS AI 统计销售总额的相关知识及操作技巧。

2. 函数的应用

本书第 2~8 章介绍了 Excel 中函数的使用方法，包括逻辑函数的判断与选择、进行数学运算与数据统计、文本和信息数据处理、查找引用数据的方法、分析日期和时间、财务管理与应用、数据库统计与应用等内容。

3. 错误值及常见问题

本书第 9 章介绍了错误值及常见问题的处理，包括返回错误值的解决办法、使用 Excel 公式工作时的常见问题等内容。

二、数字化学习资源

为帮助读者学以致用、快速提高，本书打造了全方位的学习支持体系，读者通过系统化学习，不仅能显著提高办公效率，而且还可以构建多维知识框架，为此，我们准备了精心编制的配套学习资源包。

（一）本书配套学习资源

为帮助读者高效、便捷地学习本书知识点，我们为读者准备了丰富的配套学习资源，包括"同步视频教学""配套学习素材"和"同步配套 PPT 教学课件"等。

1. 同步视频教学

本书所有知识点均提供同步配套视频教学，读者可以通过扫描书中的二维码在线实时观看，还可以将视频下载到电脑或手机中离线观看。

2. 配套学习素材

本书提供了每个章节实例的配套学习素材文件，读者可以通过扫描章首页二维码下载本章配套学习素材，也可以扫描如图 1 所示的二维码下载本书全部配套学习素材。

3. 同步配套 PPT 教学课件

教师购买本书，我们提供了与本书配套的 PPT 教学课件，可以通过扫描如图 2 所示的二维码下载获取。

图 1　配套学习素材　　　图 2　同步配套 PPT 教学课件

（二）赠送的拓展学习资源

凡是购买本书的读者均赠送与本书知识点或职场工作相关的视频精讲课程及精选电子书礼包。

1. 视频精讲课程

本书作者为读者定制了精选的视频课程礼包，内容包括"WPS Office 高效办公入门与应用"等共计 6 套、容量约 3GB 的视频课程，读者可以通过扫描如图 3 所示的二维码下载获取。

视频课程-Adobe Audition音频设计与制作　　视频课程-After Effects影视动画与特效　　视频课程-Office 高效办公与应用　　视频课程-Photoshop图像处理　　视频课程-Premiere 视频制作与实战　　视频课程-WPS Office高效办公入门与应用

图 3　视频精讲课程

2. 精选电子书礼包

本书赠送精选电子书礼包，内容包括《从零开始学 DeepSeek(基础篇)》和《从零开

始学 DeepSeek(技巧篇)》等共计 15 册电子书，读者可以扫描如图 4 所示的二维码下载
获取。

01-从零开始学DeepSeek（基础篇）	06-Office 2016典型应用案例	11-Excel常用函数大全
02-从零开始学DeepSeek（技巧篇）	07-Word常用技巧精粹	12-Excel行政与财务管理应用案例
03-Windows实用操作技巧精粹	08-全新安装Windows操作系统	13-快速学习电脑组装
04-电脑常用的快捷键	09-Excel常用技巧精粹	14-电脑常见故障排除
05-Office常用快捷键	10-PPT常用技巧精粹	15-电脑组装与维护及故障排除

图 4　精选电子书礼包 15 册

（三）下载数字化学习资源的方法

如果读者准备下载本书配套素材，可以使用手机扫描对应的二维码，例如，扫描"视频
精讲课程"二维码后，将弹出如图 5 所示的界面，选择"推送到我的邮箱 (PC 端下载)"链接。
在弹出界面文本框中输入本人的邮箱地址，然后单击"发送"按钮即可将对应的素材发送到
本人邮箱，如图 6 所示。

图 5　选择"推送到我的邮箱 (PC 端下载)"

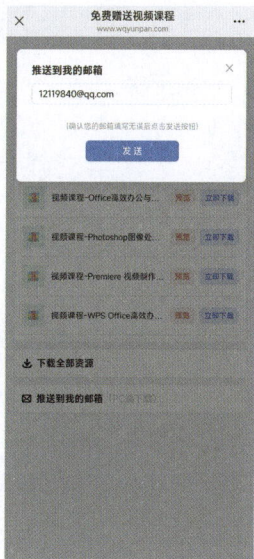

图 6　单击"发送"按钮

三、持续增值的读者服务

本书提供持续增值的读者服务，助力读者在数字化办公领域持续精进。读者在学习本书
过程中，可以扫描如图 7 所示的二维码，下载"读者服务 .docx" 文件，打开并阅读"读者
服务"获取与本书作者交流互动的方式。

★ **更多免费学习机会：** 通过作者官方网站、微信公众号、抖音号等获取技术支持服务信息，以及更多最新视频课程、模板、素材等资源。

★ **参与专家答疑等活动：** 读者在学习过程中如果遇到问题，可通过读者 QQ 群或电子邮件向文杰书院团队的专家咨询、答疑。

★ **获取赠送资源的使用方法：** 本书赠送视频课程和电子书的使用方法，以及学习本书过程中需注意的问题，可在"读者服务.docx"文件中查阅使用。

图 7　读者服务

我们真诚希望读者在阅读本书后，可以开阔视野，提升实践操作技能，并从中学习和总结操作的经验和规律，达到灵活运用的水平。鉴于编者水平有限，书中纰漏和考虑不周之处在所难免，热忱欢迎读者批评和指正，以便我们日后能为您呈现更好的图书。

编　者

目录

第 **1** 章

用手机扫描二维码
获取本章学习素材

公式与函数到底是什么

本章知识要点

◎ 怎样在Excel中使用公式
◎ 公式中的运算符
◎ 在公式中引用单元格
◎ 使用函数编写公式
◎ AI办公——使用WPS AI统计销售总额
◎ 不加班问答实录

本章主要内容

　　本章主要介绍了公式与函数的基础知识和技巧，主要内容包括在Excel中使用公式的基本知识及操作、公式中的运算符、在公式中引用单元格、使用函数编写公式，以及使用WPS AI统计销售总额的操作方法，并对一些常见的Excel公式问题进行了解答。

1.1 怎样在 Excel 中使用公式

在 Excel 中，理解并掌握公式与函数的相关概念、选项设置和操作方法是进一步学习和运用公式与函数的基础，同时也有助于用户在实际工作中的综合运用，以提高办公效率。本节将详细介绍公式与函数的基础知识及相关操作。

1.1.1 公式的组成与结构

公式通常输入在单元格中，由等号和计算式两部分组成，公式能自动完成设定的计算并在其所在单元格返回计算结果。例如，在 A1 单元格中输入公式"=1+2+4+6+8"，按 Enter 键即可在该单元格中计算出求和结果。上述公式"=1+2+4+6+8"是 Excel 公式的基础形式，"21"则是公式的计算结果。

公式输入是以"="开始的，简单的公式包括加、减、乘、除等计算，通常情况下，公式由函数、参数、常量和运算符组成，下面分别予以详细介绍公式的组成部分。

- ➢ 函数：在 Excel 中包含许多预定义公式，可以对一个或多个数据执行运算，并返回一个或多个值。函数可以简化或缩短工作表中的公式。
- ➢ 参数：函数中用来执行操作或计算的单元格或单元格区域的数值。
- ➢ 常量：是指在公式中直接输入的固定数值或文本值，其值在公式中保持不变，是公式运算的对象之一（例如，数字"100"，文本"销售额"）。
- ➢ 运算符：运算符可以表达公式内执行计算的类型，通过符号或标记指定运算逻辑，有数学、比较、文本和引用运算符。

1.1.2 在单元格中输入公式

在 Excel 工作表中，用户可以通过编辑栏输入公式，也可以直接在单元格中输入公式，本例详细介绍这两种输入公式的操作步骤。

<< 扫码获取配套视频课程。

第 1 步 打开本例的素材文件"成绩表.xlsx"，① 单击准备输入公式的单元格，如 G3 单元格；② 单击编辑栏文本框，如图 1-1 所示。

第 2 步 在编辑栏文本框中，输入准备应用的公式，如"=B3+C3+D3+E3+F3"，如图 1-2 所示。

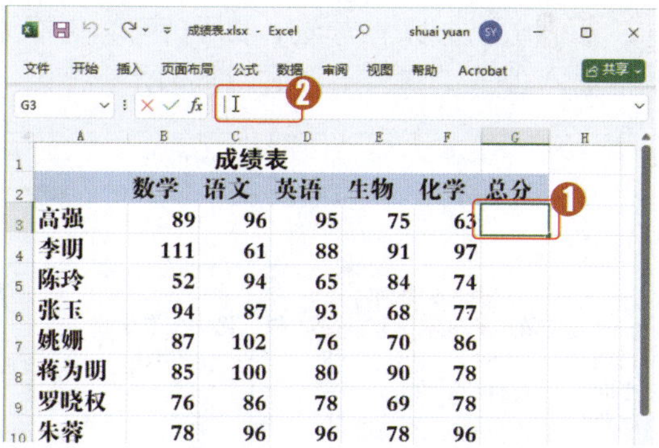

图 1-1

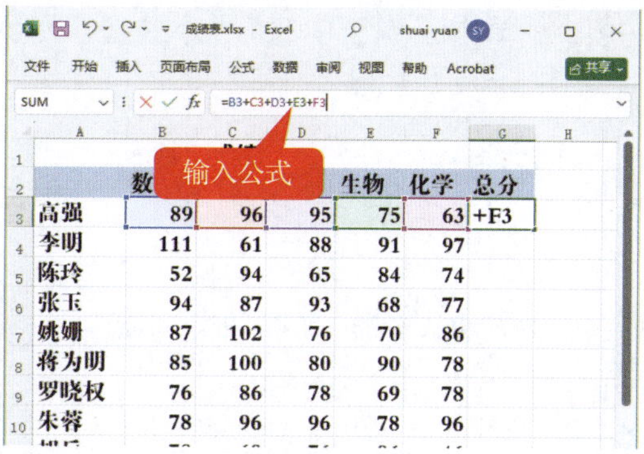

第 3 步 单击【编辑栏】中的【输入】按钮✓，如图 1-3 所示。

图 1-2

第 4 步 完成在编辑栏中输入公式的操作，计算结果如图 1-4 所示。

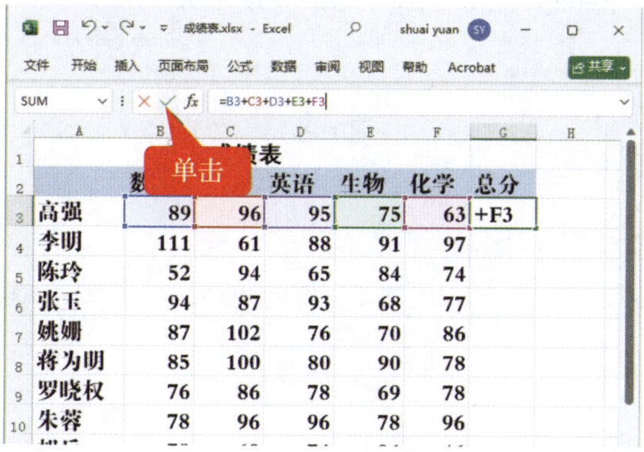

图 1-3

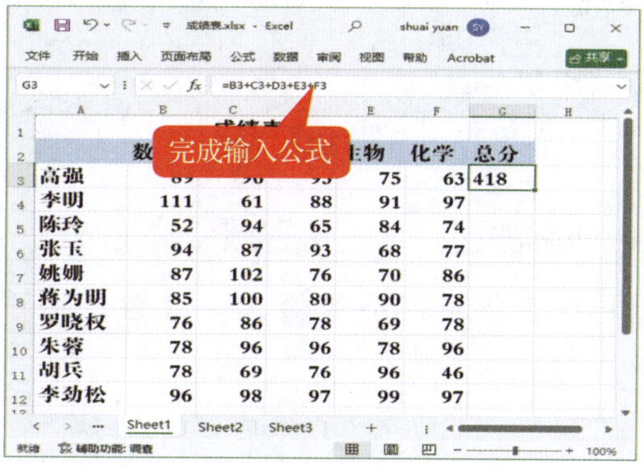

图 1-4

第 5 步 双击准备输入公式的单元格，如双击 G3 单元格，如图 1-5 所示。

第 6 步 此时，可以在单元格中输入公式"=B3+C3+D3+E3+F3"，如图 1-6 所示。

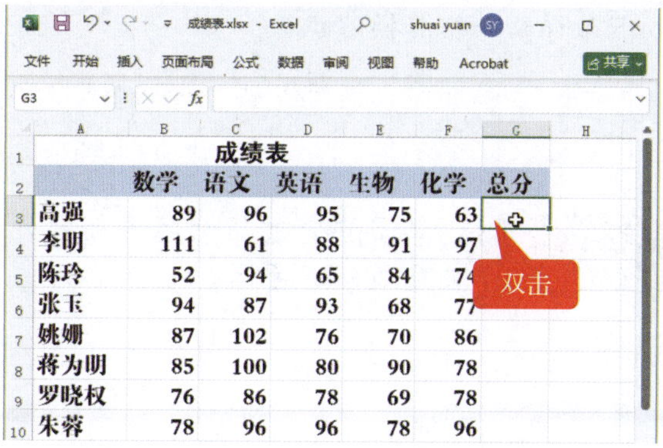

图 1-5

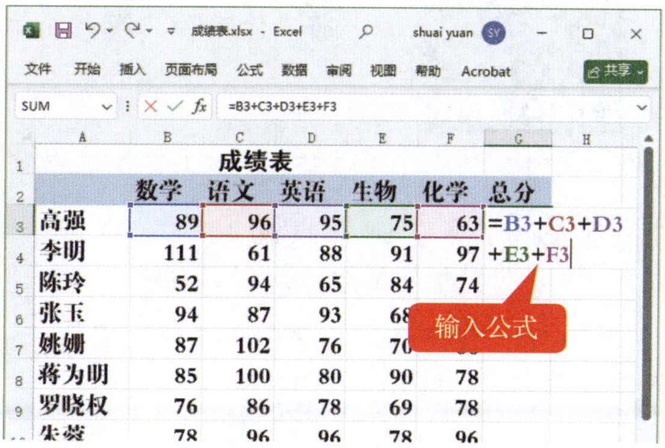

图 1-6

第7步 单击工作表中除 G3 外的任意单元格，如图 1-7 所示。

第8步 通过以上方法，即可完成在单元格中输入公式的操作，如图 1-8 所示。

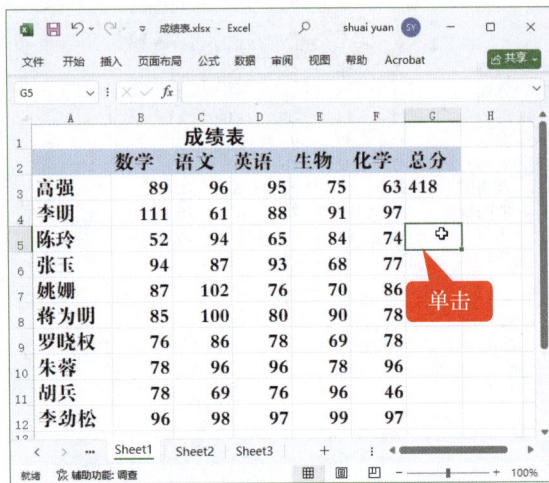

图 1-7

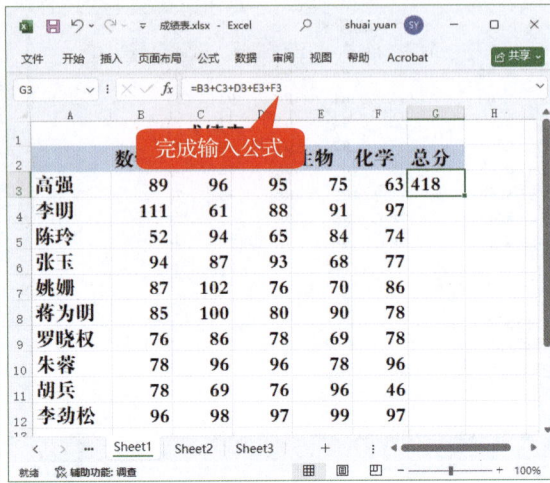

图 1-8

知识拓展：快速完成输入公式的计算操作 ■■■

　　准备使用的公式输入完成后，用户可以直接按 Enter 键，快速完成公式的计算操作。

1.1.3 修改已有的公式

　　在 Excel 工作表中，如果错误地输入了公式，可以在编辑栏中将其修改为正确的公式。下面详细介绍其操作步骤。

<< 扫码获取配套视频课程。

第1步 打开本例的素材文件"成绩表 1.xlsx"，① 选择准备修改公式的单元格；② 单击窗口编辑栏文本框，使包含公式的单元格显示为选中状态，如图 1-9 所示。

第2步 删除错误的公式，然后重新输入正确的公式，如图 1-10 所示。

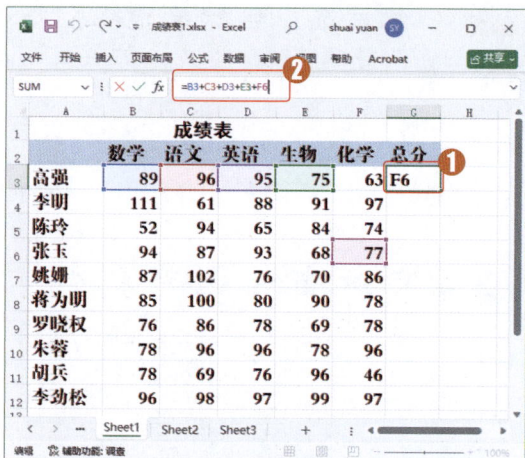

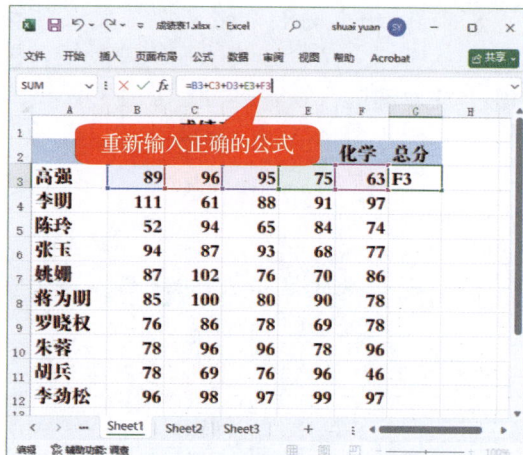

图 1-9

图 1-10

第3步 正确的公式输入完成后，单击编辑栏中的【输入】按钮✓，如图 1-11 所示。

第4步 可以看到正确公式所计算的结果显示在单元格内，这样即可完成修改公式的操作，如图 1-12 所示。

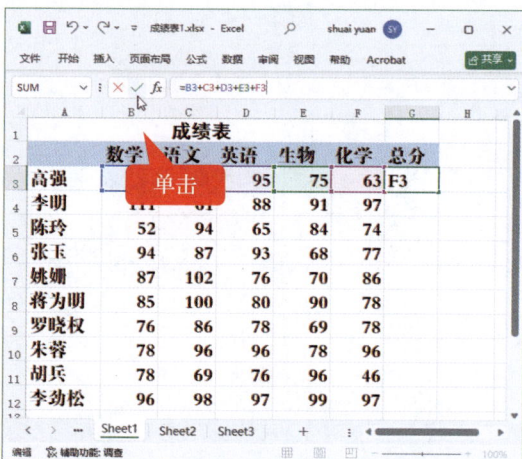

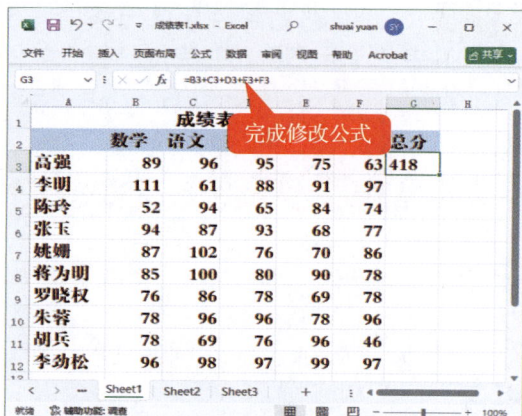

图 1-11

图 1-12

1.1.4 早做完秘籍——复制公式完成批量计算

　　当表格中多个单元格所需公式的计算规则相同时，可使用复制公式完成批量计算，从而节省大量时间，提升工作效率。用户可以通过 Ctrl+C 和 Ctrl+V 快捷键复制粘贴公式。

＜＜ 扫码获取配套视频课程。

5

第1步 打开本例的素材文件"员工薪资管理表.xlsx"，选择公式所在的单元格，按 Ctrl+C 快捷键进行复制，如图 1-13 所示。

第2步 然后选择目标单元格区域，按 Ctrl+V 快捷键粘贴公式，如图 1-14 所示。

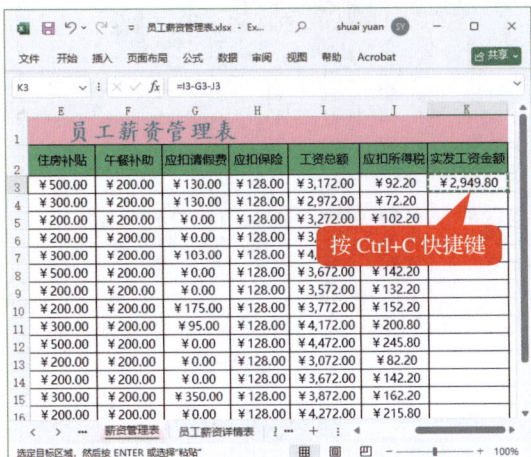

图 1-13

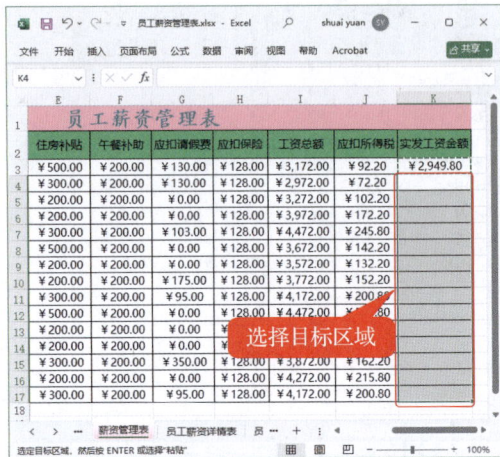

图 1-14

第3步 公式被粘贴到目标单元格中，自动修改其中的单元格引用并完成计算，如图 1-15 所示。

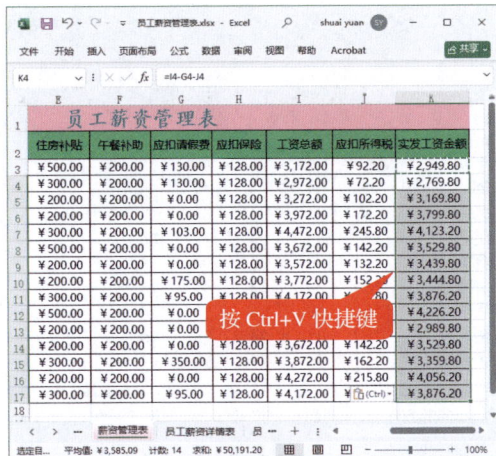

图 1-15

※ 指点迷津

用户也可以选择公式所在的单元格后右击，在弹出的快捷菜单中选择【复制】命令。然后选择目标单元格区域右击，在弹出的快捷菜单中选择【粘贴】选项下的【公式】命令即可。

1.2 公式中的运算符

运算符是构成公式的基本元素之一，每个运算符分别代表一种运算。Excel 中的运算符有算术运算符、比较运算符、文本运算符和引用运算符 4 种。

1.2.1　算术运算符

　　算术运算符用来完成基本的数学运算，如加、减、乘、除等运算。算术运算符的基本含义如表 1-1 所示。

表 1-1　算术运算符的基本含义

算术运算符	含　义	示　例
+(加号)	加法	7+2
−(减号)	减法或负号	8 − 6；− 6
*(星号)	乘法	3*7
/(正斜号)	除法	8/2
%(百分号)	百分比	68%
^(脱字号)	乘方	6^2
!（阶乘）	连续乘法	3！＝ 3*2*1

1.2.2　比较运算符

　　比较运算符用于比较两个数值间的大小关系，并产生逻辑值 TRUE(真) 或 FALSE(假)。比较运算符的基本含义如表 1-2 所示。

表 1-2　比较运算符的基本含义

比较运算符	含　义	示　例
＝ (等号	等于	A1=B1
>(大于号)	大于	A1>B1
<(小于号)	小于	A1<B1
＞＝ (大于等于号)	大于或等于	A1>=B1
＜＝ (小于等于号)	小于或等于	A1<=B1
＜＞(不等号)	不等于	A1<>B1

1.2.3　文本运算符

　　文本运算符是将一个或多个文本连接为一个组合文本的一种运算符号。文本运算符使用和号 "&" 连接一个或多个文本字符串，从而产生新的文本字符串。文本运算符的基本含义如表 1-3 所示。

表 1-3　文本运算符

文本运算符	含　义	示　例
&(和号)	将两个文本连接起来产生一个连续的文本	"美"&"好"得到"美好"

1.2.4 引用运算符

引用运算符是对多个单元格区域进行合并计算的运算符。例如，原公式为"F1=A1+B1+C1+D1"，使用引用运算符后，可以将公式变更为"F1=SUM(A1:D1)"。引用运算符的基本含义如表 1-4 所示。

表 1-4　引用运算符的基本含义

引用运算符	含　义	示　例
:(冒号)	区域运算符，生成对两个引用之间所有单元格的引用	A1:A2
,(逗号)	联合运算符，用于将多个引用合并为一个引用	SUM(A1:A2,A3:A4)
空格	交集运算符，生成在两个引用中共有的单元格引用	SUM(A1:A6 B1:B6)

1.3 在公式中引用单元格

单元格引用是对工作表中的一个或多个单元格进行标识，指明公式中所使用的数据的位置。可以在公式中使用工作表中不同部分的数据，或是在几个公式中使用同一个单元格或单元格区域的数据。本节将详细介绍在公式中引用单元格的相关知识及操作方法。

1.3.1 引用单元格就是指明数据保存的位置

公式中的引用是指对单元格的引用，是公式中使用较多的要素之一，其目的是指明数据保存的位置。当在公式中引用单元格后，Excel 会自动根据引用的行号和列标来寻找单元格，并引用单元格中的数据进行计算。

在 Excel 公式中，最常见的 4 种引用分别是相对引用、绝对引用、混合引用、跨工作表和工作簿引用。不同的引用有不同的表现形式，如图 1-16 所示。

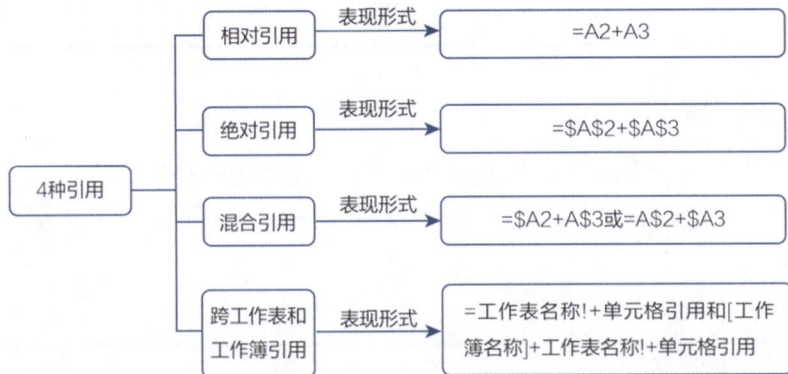

```
                      表现形式
            相对引用 ──────────→  =A2+A3

                      表现形式
            绝对引用 ──────────→  =$A$2+$A$3
4种引用 ──┤
                      表现形式
            混合引用 ──────────→  =$A2+A$3或=A$2+$A$3

            跨工作表和  表现形式    =工作表名称!+单元格引用和[工作
            工作簿引用 ─────────→  簿名称]+工作表名称!+单元格引用
```

图 1-16

1.3.2　不同的单元格引用样式

一个 Excel 工作表由 65536 行 ×256 列单元格组成，以左上角第 1 个单元格为原点，向下、向右分别为行、列坐标的正方向。在 Excel 工作表中，存在几种单元格引用样式，下面分别进行介绍。

1. A1 引用样式

在默认情况下，Excel 使用 A1 引用样式，该样式使用数字 1 ~ 65536 表示行号，用字母 A ~ IV 表示列标。例如，第 B 列和第 5 行交叉处的单元格的引用形式为"B5"。如果引用整行或者整列，可以省去列标或者行号，如 1:1 表示第 1 行。

2. R1C1 引用样式

在 Excel 工作表中切换至【文件】选项卡，在左侧导航栏中选择【选项】选项打开【Excel 选项】对话框，选择【公式】选项卡，在对应的右侧窗格中的【使用公式】列表框下勾选【R1C1 引用样式】复选框，单击【确定】按钮即可完成设置，如图 1-17 所示。使用 R1C1 引用样式，可以使用【R】与数字的组合来表示行号，【C】与数字的组合来表示列标，如图 1-18 所示。R1C1 样式可以更加直观地体现单元格的"坐标"概念。

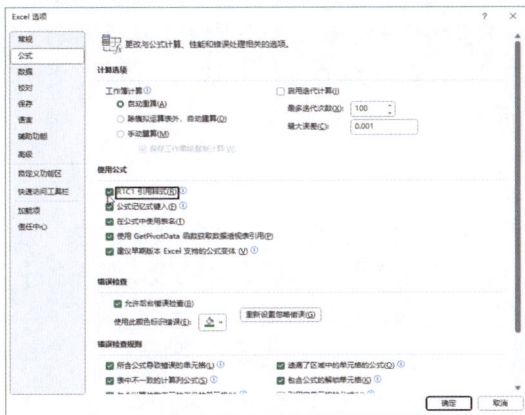

图 1-17

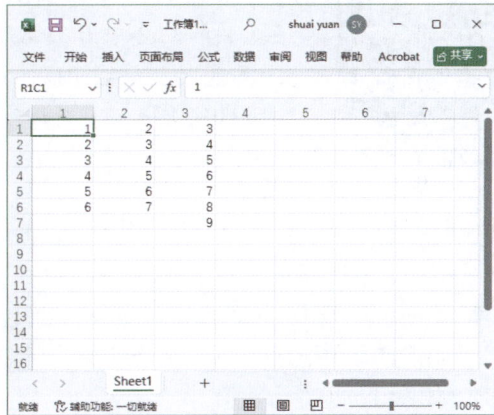

图 1-18

3. 三维引用

引用单元格区域时，冒号表示以冒号两边所引用的单元格为左上角和右下角之间的所有单元格组成的矩形区域。

当右下角单元格与左上角单元格处在同一行或者同一列时，这种引用称为一维引用，如 A1:D1，或者 A1:A7。而类似 A1:C7，则表示以 A1 单元格为左上角，C7 单元格为右下角的 7 行 3 列的矩形区域，这就形成了一个二维的面，所以该引用称为二维引用。

当引用区域跨越多个工作表时，这种引用被称为三维引用。

打开配套素材"三维引用数据 .xlsx"工作簿，在"Sheet1"工作表的 E8 单元格中输入公式"=SUM(Sheet1:Sheet3!A1:C7)"，表示对从工作表 Sheet1 到 Sheet3 的 A1:C7 单元格区域求和，按 Enter 键即可返回计算结果，如图 1-19 所示。在此公式的引用范围中，每个工作表的 A1:C7 都是一个二维平面，多个二维平面在行、列和工作表三个方向上构成了三维引用。

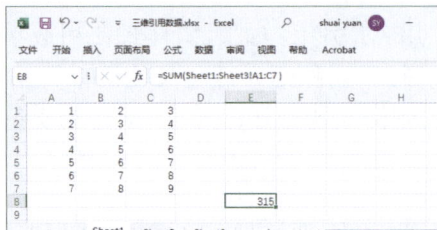

图 1-19

1.3.3 相对引用

相对引用是指在复制公式时，单元格地址随着发生变化。例如，在 C1 单元格中有公式"=A1+B1"；当将公式复制到 C2 单元格时，公式变为"=A2+B2"；当将公式复制到 D1 单元格时，公式变为"=B1+C1"。下面详细介绍相对引用的操作步骤。

<< 扫码获取配套视频课程。

第1步 打开本例的素材文件"成绩表.xlsx"，① 选择准备引用的单元格，如选择 G3 单元格；② 在窗口编辑栏的编辑框中，输入引用的单元格公式；③ 单击【输入】按钮✓，如图 1-20 所示。

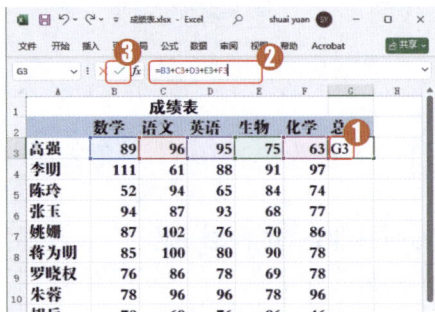

第2步 此时，可以看到在单元格中，系统会自动计算结果。单击【剪贴板】组中的【复制】按钮，如图 1-21 所示。

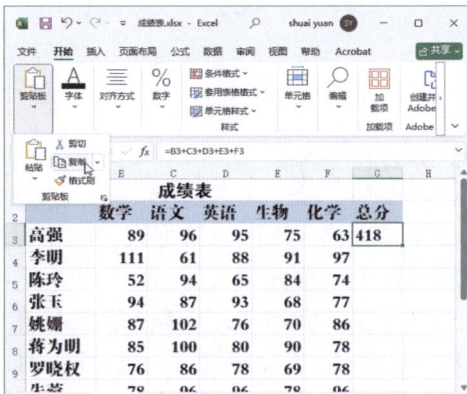

图 1-20

图 1-21

第 3 步 完成复制后，① 选择准备粘贴引用公式的单元格；② 在【剪切板】组中，单击【粘贴】按钮，如图 1-22 所示。

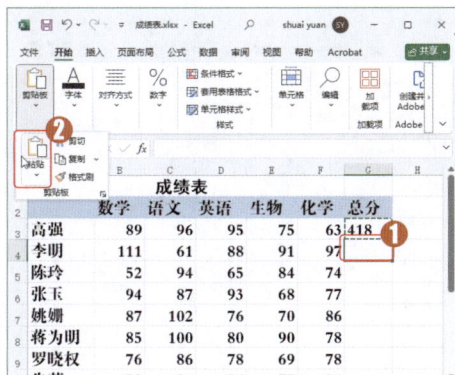

图 1-22

第 4 步 此时，在已选中的单元格中，系统会自动计算出结果，并且在编辑框中显示公式，如图 1-23 所示。

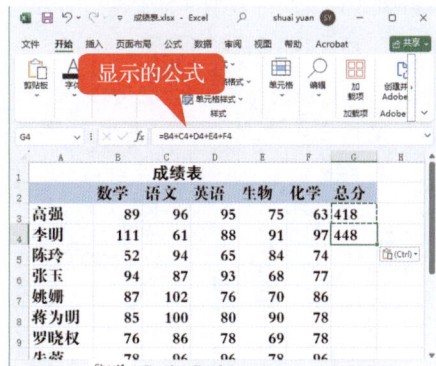

图 1-23

第 5 步 ① 单击准备粘贴相对引用公式的单元格；② 单击【剪切板】组中的【粘贴】按钮，如图 1-24 所示。

图 1-24

第 6 步 此时，已经选中的单元格中的公式再次发生改变。通过以上步骤即可完成相对引用的操作，如图 1-25 所示。

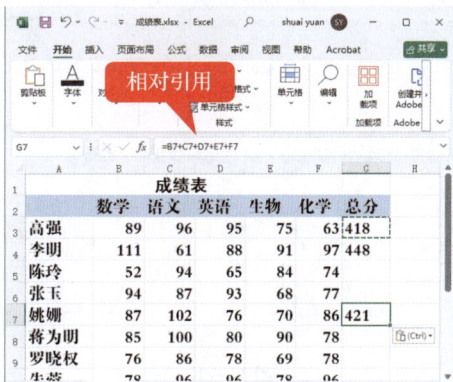

图 1-25

1.3.4 绝对引用

绝对引用是一种不随着单元格位置改变而改变的引用形式，并且总是在特定位置引用单元格。如果准备多行或多列复制或填充公式，绝对引用将不会随单元格位置的改变而改变。加上绝对地址符 "$" 的列标和行号为绝对地址。本例详细介绍绝对引用的操作步骤。

<< 扫码获取配套视频课程。

第1步 打开本例的素材文件"成绩表.xlsx"，① 选择准备绝对引用的单元格，如 G5 单元格；② 输入准备绝对引用的公式"=$B$5+$C$5+$D$5+$E$5+$F$5"；③ 单击【输入】按钮 ✓，如图 1-26 所示。

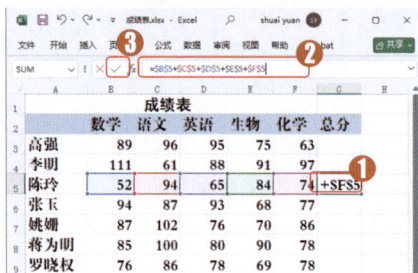

图 1-26

第2步 此时，在已经选中的单元格中，系统会自动计算出结果，单击【剪贴板】组中的【复制】按钮，如图 1-27 所示。

图 1-27

第3步 ① 选择准备粘贴绝对引用公式的单元格，如选择"单元格H7"；② 在【剪贴板】组中，单击【粘贴】按钮，如图 1-28 所示。

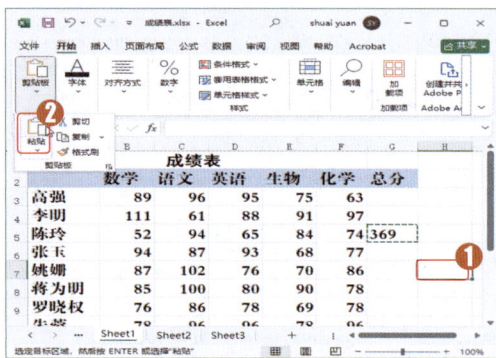

图 1-28

第4步 单元格 G5 中的公式被粘贴到单元格 H7 中，因为是绝对引用，所以公式仍然是"=$B$5+$C$5+$D$5+$E$5+$F$5"，其没有随单元格的改变而发生变化。这样即可完成使用绝对引用，如图 1-29 所示。

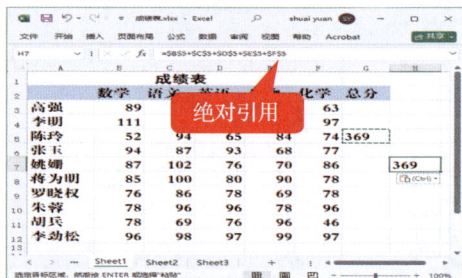

图 1-29

🔖 **知识拓展：更改其他单元格引用** ■■■

　　双击包含希望更改公式的单元格，使单元格公式处于可编辑状态，然后执行下列操作之一。如果要将单元格或区域引用更改为其他单元格或区域，则可将单元格或单元格区域的彩色标记边框拖动到新的单元格或单元格区域上；如果要在引用中包括更多或更少的单元格，可以拖动边框的一角，增大或减小单元格区域。在公式编辑栏中，选择引用后，输入一个新的引用，按 Enter 键确认。对于数组公式，则按 Ctrl+Shift+Enter 组合键返回结果。

1.3.5 混合引用

混合引用是指同时引用绝对列和相对行或绝对行和相对列。其中，引用绝对列和相对行时使"$A1、$B1"表示；引用绝对行和相对列时，使用"A$1、B$1"等形式表示，以下详细介绍混合引用的操作步骤。

<< 扫码获取配套视频课程。

第1步 打开本例的素材文件"成绩表.xlsx"，① 选择准备引用绝对行和相对列的单元格，如 G7 单元格；② 在编辑栏中，输入绝对行和相对列的引用公式"= B$7+ C$7+ D$7+E$7+F$7"；③ 单击【输入】按钮✔，如图 1-30 所示。

图 1-30

第2步 此时，在已经选中的单元格中，系统会自动计算出结果。单击【剪贴板】组中的【复制】按钮，如图 1-31 所示。

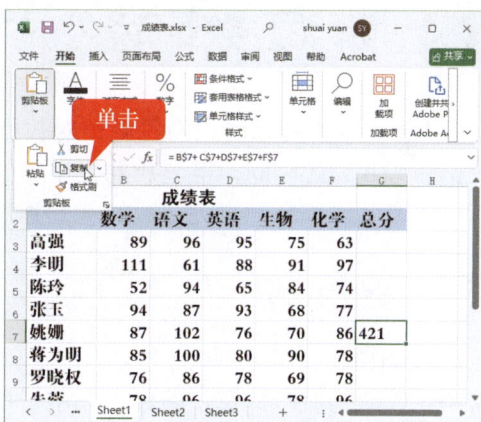

图 1-31

第3步 在编辑区中，① 选择准备进行粘贴引用公式的单元格，如选择单元格"H9"；② 在【剪贴板】组中，单击【粘贴】按钮，如图 1-32 所示。

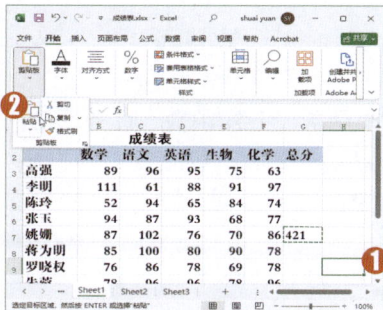

图 1-32

第4步 此时，公式在已经粘贴的单元格中，行标题不变，而列标题发生变化。通过以上方法，即可完成混合引用的操作，如图 1-33 所示。

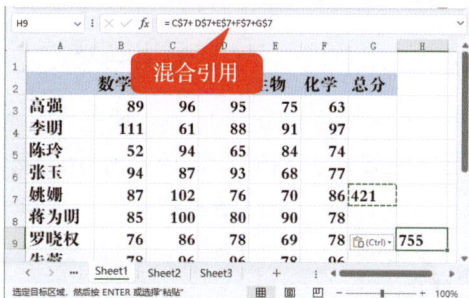

图 1-33

13

知识拓展：切换引用 ▪ ▫ ▫

　　在 Excel 中进行公式编辑时，经常根据需求在公式中使用不同的单元格引用方式。通常情况下，用户会按照传统的方法进行输入，这种方法不仅浪费时间，降低工作效率，同时准确度也会随之下降。这时可以用如下方法来快速切换单元格引用方式。首先，选中包含公式的单元格，在编辑栏中选择要更改的引用单元格，接着按"F4"键即可在相对引用、绝对引用和混合引用之间快速切换。例如，选择"A2"引用，按一次"F4"键，会变成 $A$2；连续按两次"F4"键，会变成 A$2；连续按 3 次"F4"键，会变成 $A2；连续按 4 次"F4"键，会恢复为 A2。

1.4　使用函数编写公式

　　在 Excel 中，可以使用内置函数对数据进行分析和计算，函数计算数据的方式与公式计算数据的方式大致相同，但函数的使用不仅可以简化公式，还节省时间，从而显著提高工作效率。本节将详细介绍有关函数的基础知识。

1.4.1　函数都由哪几部分组成

　　Excel 中的函数是一些预定义的公式，它们通过使用一些称为参数的特定的数值按照特定的顺序或结构执行计算。函数可以用于执行简单或复杂的计算。

　　在 Excel 中，函数主要由函数名称和参数两部分构成，其结构形式为：

　　函数名 (参数 1，参数 2，参数 3，…)

　　其中，函数名是需要执行运算的函数名称，而参数可以是数字、文本、逻辑值、数组、引用或其他函数。

　　一个完整的函数通常以"＝"号开始，后面紧跟函数名称和左括号，参数之间以逗号分隔，最后以右括号结束。

1.4.2　Excel 中都有哪些函数

　　Excel 函数主要分为 11 类：数据库函数、日期与时间函数、工程函数、财务函数、信息函数、逻辑函数、查询和引用函数、数学和三角函数、统计函数、文本函数以及用户自定义函数，以下将分别详细介绍这些函数。

1. 日期与时间函数

　　日期与时间函数用于在公式中分析和处理日期的值和时间的值。

2. 数学和三角函数

通过数学和三角函数，可以处理简单的计算，如对数字取整、计算单元格区域中的数值总和或进行复杂计算。

3. 查找和引用函数

当需要在数据清单或表格中查找特定数值，或单元格引用时，可以使用查找和引用函数。例如，如果需要在表格中查找与第一列中的值相匹配的数值，可以使用 VLOOKUP 工作表函数。

4. 统计函数

统计函数用于对数据区域进行统计分析，如计算直线的斜率和 y 轴截距，或返回与线性拟合相关的其他统计指标。

5. 财务函数

财务函数用于进行财务计算，如确定贷款支付额、投资的未来值或净现值，以及债券或息票的价值。财务函数中常见的参数如表 1-5 所示。

表 1-5　财务函数中常见的参数

名　称	作　用
未来值 (fv)	在所有付款后的投资或贷款的价值
期间数 (nper)	投资的总支付期间数
付款 (pmt)	投资或贷款的定期支付数额
现值 (pv)	在期初的投资或贷款价值
利率 (rate)	投资或贷款的利率或贴现率
类型 (type)	付款期间内支付的间隔，如在月初或月末

6. 数据库函数

当需要分析数据清单中的数值是否符合特定条件时，可以使用数据库工作表函数。例如，在一个包含销售信息的数据清单中，可以计算出所有销售数值大于 1000 且小于 2500 的行或记录的总数。

Microsoft Excel 共有 12 个工作表函数，专门用于对存储在数据清单或数据库中的数据进行分析，这些函数统称为"Dfunctions"，也称为"D 函数"。每个 D 函数均有三个相同的参数："database" "field" 和 "criteria"。这些参数分别指向数据库函数所使用的工作表区域。

参数 "database" 为工作表上包含数据清单的区域。参数 "field" 为需要汇总的列的标志。

参数 criteria 为工作表上包含指定条件的区域。

7. 文本函数

文本函数主要用于查找、提取文本中的特定字符、转换数据类型以及合并相关的文本内容。通过文本函数，用户可以在公式中处理文本字符串。例如，可以更改文本的大小写或确定文本字符串的长度，还可以将日期插入到文本字符串中或连接到文本字符串上。

8. 逻辑函数

逻辑函数用于进行真假值判断或执行复合检验。例如，可以使用 IF 函数来判断条件是真还是假，并根据判断结果返回不同的数值。

9. 信息函数

信息函数包含一组称为 IS 的工作表函数，这些函数在单元格满足特定条件时返回 TRUE。例如，如果单元格包含一个偶数值，ISEVEN 函数将返回 TRUE。

如果需要确定某个单元格区域中是否存在空白单元格，可以使用 COUNTBLANK 函数对单元格区域中的空白单元格进行计数，或使用 ISBLANK 函数来检查特定单元格是否为空。

10. 工程函数

工程工作表函数用于工程分析。这些函数可以分为三类：处理复数的函数、在不同数字系统（如十进制系统、十六进制系统、八进制系统和二进制系统）之间进行数值转换的函数，以及在不同度量系统之间进行数值转换的函数。

11. 用户自定义函数

如果需要在公式或计算中使用特别复杂的计算，而现有工作表函数无法满足需要，则需创建用户自定义函数。这些函数，称为用户自定义函数，可以通过使用 Visual Basic for Applications 来创建。

1.4.3 让 Excel 自动插入函数公式

Excel 2021 允许用户从函数弹出列表中选择函数名来输入函数，这比在 Excel 2003 或更早版本中输入函数更加简单方便。以下详细介绍如何让 Excel 自动插入 SUM 函数公式的操作步骤。

<< 扫码获取配套视频课程。

第1步 打开本例的素材文件"插入函数公式.xlsx"，在单元格中输入一个等号，然后输入 SUM 函数的首字母 S。此时，将弹出以字母 S 开头的所有函数列表，而且会显示列表中当前选中的函数功能简介，如图 1-34 所示。

第2步 继续输入 SUM 函数的第2个字母 U，列表将自动筛选一次，此时只显示以 SU 开头的函数列表，如图 1-35 所示。

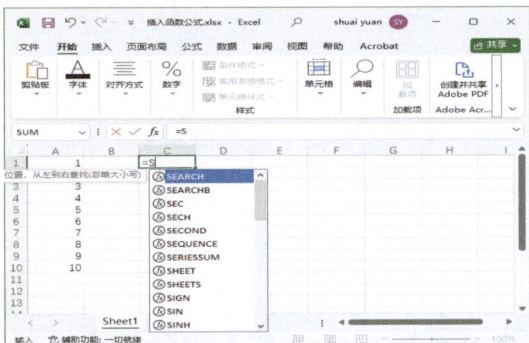

图 1-34

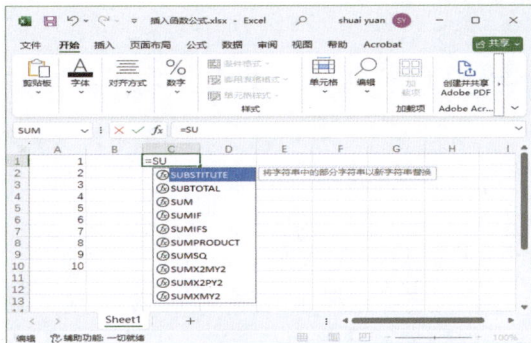

图 1-35

第3步 此时，已经在列表中看到 SUM 函数，使用方向键选中 SUM 函数，然后按 Tab 键将该函数输入到公式中。Excel 会自动在函数名右侧添加一个左括号，同时在函数名下方显示当前需要输入的参数信息，参数名以粗体显示，如图 1-36 所示。参数信息中以方括号包围的参数为可选参数。

第4步 接下来，指定 SUM 函数的参数。例如，要计算 A1:A10 单元格区域中的数字之和，可以直接在左括号右侧输入"A1：A10"，也可以使用鼠标选择要计算的单元格区域，最后输入一个右括号，如图 1-37 所示。按 Enter 键，即可得到计算结果。

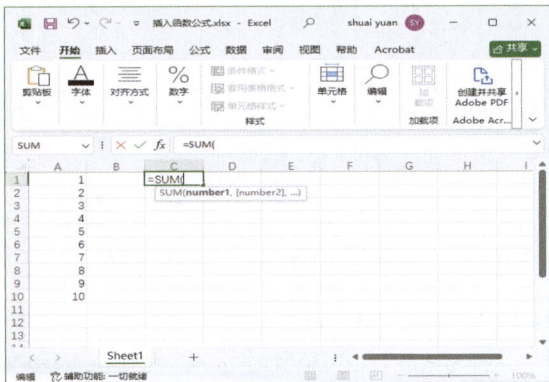

图 1-36

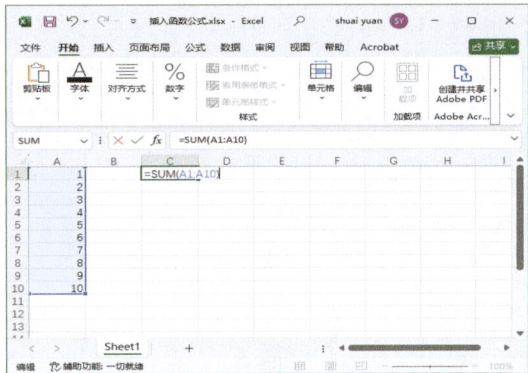

图 1-37

1.4.4 选择适合的函数编写公式

前文介绍的方法适用于对函数有一定了解的用户，他们大概知道需要使用哪个函数。如果不了解函数功能，也不知道完成某个功能需要使用哪个函数，那么可以借助【插入函数】对话框选择适合的函数来编写公式。以下详细介绍其操作步骤。

<< 扫码获取配套视频课程。

知识拓展：查找其他函数 ▪ ▫ ▫

如果在【选择函数】列表框中没有合适的函数，用户可以在【或选择类别】下拉列表框中选择其他类别，然后再查找需要输入的函数。

第1步 打开本例的素材文件"销售情况表.xlsx"，① 选择准备输入函数的单元格；② 选择【公式】选项卡；③ 在【函数库】组中，单击【插入函数】按钮 *fx*，如图 1-38 所示。

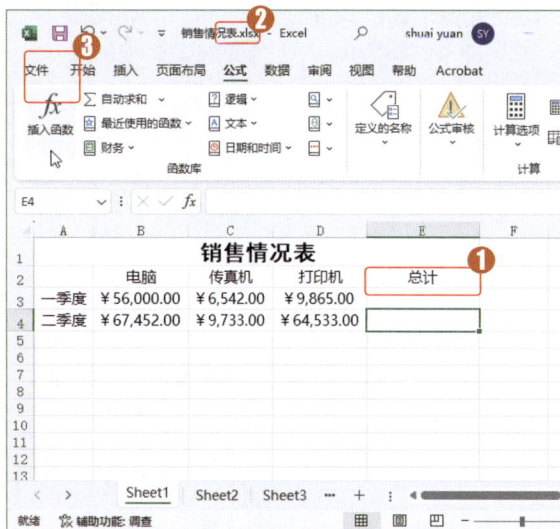

图 1-38

第2步 弹出【插入函数】对话框，① 在【或选择类别】下拉列表框中选择【常用函数】选项；② 在【选择函数】列表框中选择准备插入的函数，如"SUM"函数；③ 单击【确定】按钮，如图 1-39 所示。

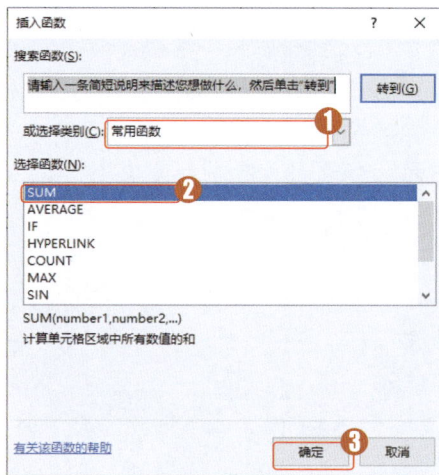

图 1-39

第3步 弹出【函数参数】对话框，在 SUM 选项区域中，单击 Number 1 文本框右侧的【压缩对话框】按钮 ↑，如图 1-40 所示。

第4步 返回到工作表中，① 在编辑区选择准备引用的单元格区域；② 在【函数参数】对话框中，单击【展开对话框】按钮 ▼，如图 1-41 所示。

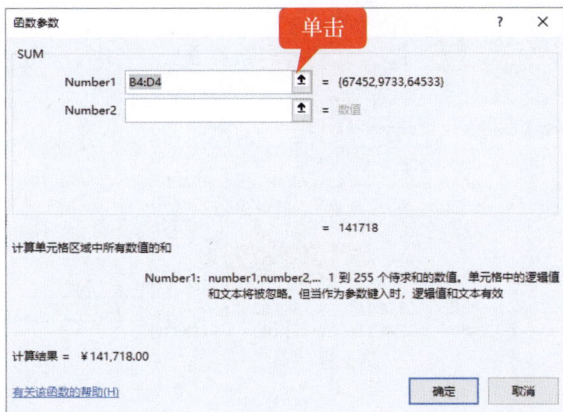

图 1-40

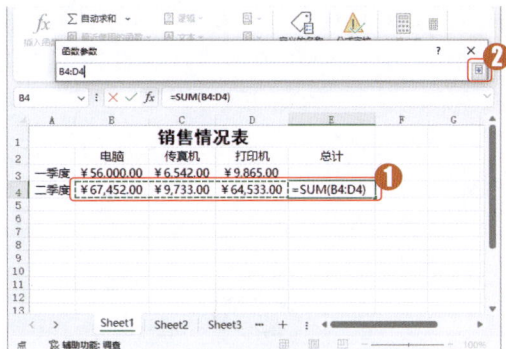

图 1-41

第5步 返回【函数参数】对话框，Number 1 文本框中显示刚刚添加的参数，单击【确定】按钮，如图 1-42 所示。

第6步 返回到工作表中，此时，可以看到目标单元格中显示了计算结果。通过以上步骤，即可完成通过"插入函数"对话框输入函数的操作，如图 1-43 所示。

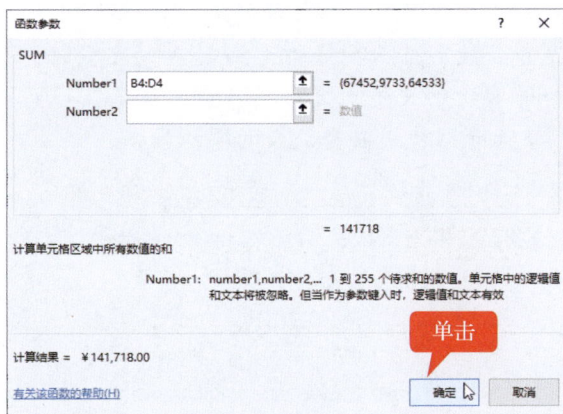

图 1-42

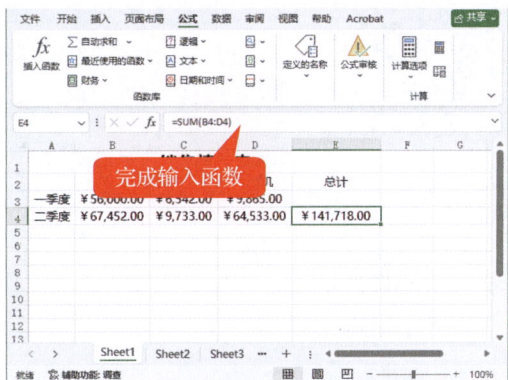

图 1-43

1.4.5 手动输入函数编写公式

如果用户了解 Excel 中某个函数的使用方法或含义，可以直接在单元格或编辑栏中输入函数。与输入公式相同，输入函数时首先在单元格中输入"＝"，然后输入函数的主体，最后在括号中输入参数。在输入过程中，还可以根据参数工具提示来保证参数输入的正确性，以下详细介绍直接输入函数的操作步骤。

<< 扫码获取配套视频课程。

第1步 打开本例的素材文件"销售情况表 .xlsx"，① 选中准备输入函数的单元格；② 在编辑栏的编辑框中输入函数，如输入"=SUM(B3:D3)"；③ 单击【输入】按钮 ✓，如图 1-44 所示。

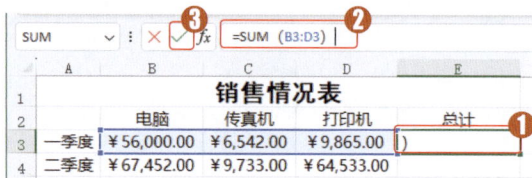

图 1-44

第2步 此时，在选中的单元格内，系统自动计算出结果。通过以上方法，即可完成手动输入函数的操作，如图 1-45 所示。

图 1-45

1.4.6 早做完秘籍——函数嵌套运算

函数的嵌套是指在一个函数中使用另一个函数的返回值作为参数。公式中最多可以包含七级嵌套函数。当函数 B 作为函数 A 的参数时，函数 B 称为第二级函数。如果函数 C 又是函数 B 的参数，则函数 C 称为第三级函数，以此类推。下面介绍使用嵌套函数的操作步骤。

<< 扫码获取配套视频课程。

第1步 打开素材文件"嵌套函数 .xlsx"，① 选中 C1 单元格；② 在编辑栏中输入函数公式"=IF(AVERAGE(A1:A3) >20, SUM(B1:B3), 0)"；③ 单击【输入】按钮 ✓，如图 1-46 所示。

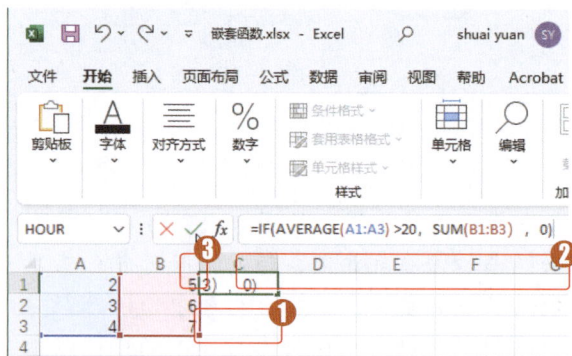

图 1-46

第2步 此时，C1 单元格中将显示计算结果，如图 1-47 所示。

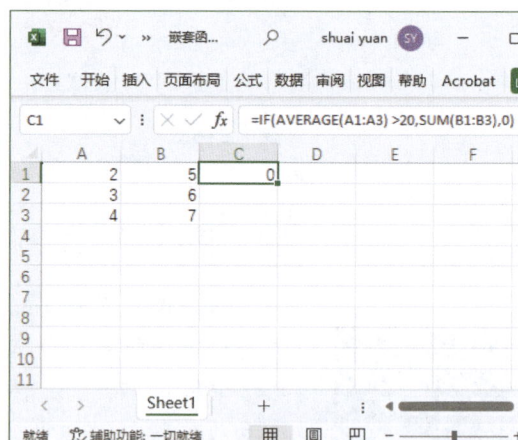

图 1-47

知识拓展：函数表达式的意义 ■ ■ ■

上述步骤中函数表达式的意义为：如果"A1:A3"单元格区域中数字的平均值大于20，则返回"B1:B3"单元格区域的求和结果，否则返回"0"。嵌套函数一般通过手动输入，输入时可以利用鼠标辅助引用单元格。

1.5 AI 办公——使用 WPS AI 统计销售总额

在 Excel 学习和使用的过程中，由于函数公式比较多，函数公式用起来也比较灵活，增加了学习难度。这使函数公式的学习，成了大家的一个难点。现在，有了 AI 的帮助，我们可以利用 AI 辅助 Excel 公式的编写。本例详细介绍使用 WPS AI 统计销售总额的操作步骤。

<< 扫码获取配套视频课程。

第 1 步 在计算机中下载并安装 WPS Office 软件后，启动该软件。进入主界面后，单击【打开】按钮，如图 1-48 所示。

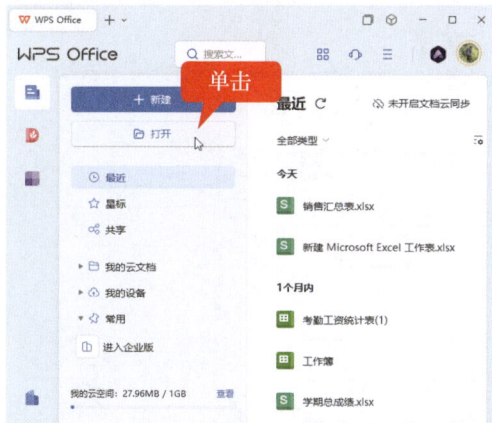

图 1-48

第 2 步 弹出【打开文件】对话框，① 选择本例的素材文件"销售汇总表.xlsx"；② 单击【打开】按钮，如图 1-49 所示。

图 1-49

第 3 步 选择 E3 单元格，① 在菜单栏中单击 WPS AI 菜单；② 选择【AI 写公式】菜单项，如图 1-50 所示。

第 4 步 系统将弹出一个指令输入框，在其中输入指令"统计销售总额，销售总额为 D 列总和"，然后按 Enter 键，如图 1-51 所示。

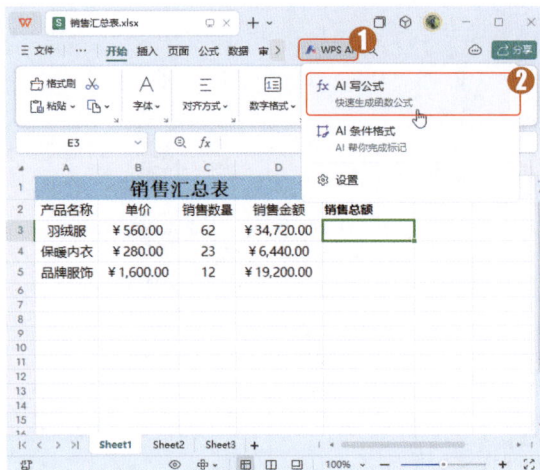

图 1-50

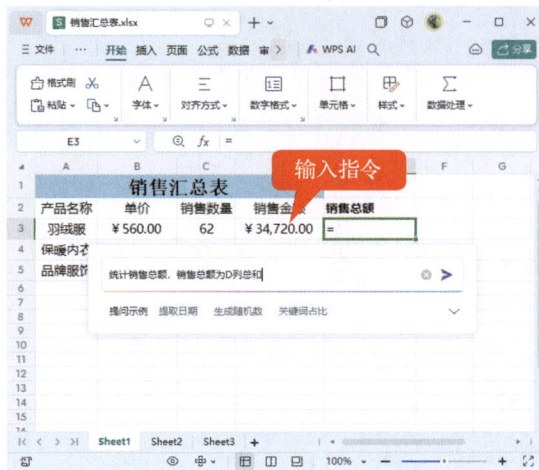

图 1-51

第5步 系统正在解析指令，用户需要在线等待一段时间，如图 1-52 所示。

第6步 指令输入框中会显示出公式结果，用户应检查该公式是否满足需求，确认无误后，单击【完成】按钮，如图 1-53 所示。

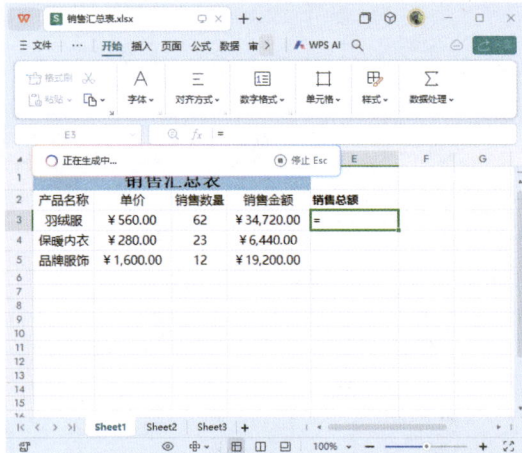

图 1-52

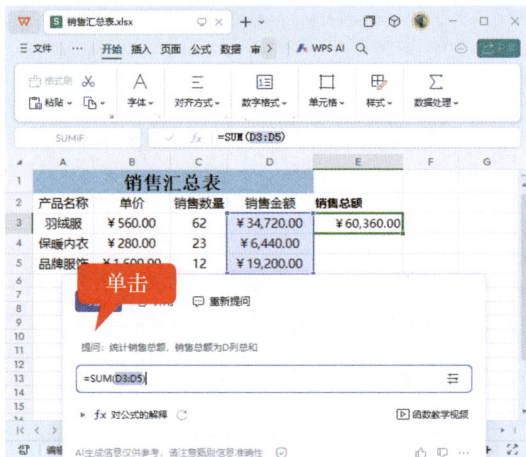

图 1-53

第 7 步 系统将根据指令自动将公式应用到表格中，并显示应用该函数公式后的结果，如图 1-54 所示。

※ 经验之谈

输入指令并显示出公式结果后，用户还可以单击【对公式的解释】折叠按钮 ▶，系统将显示出该函数公式的相关信息，包括公式意义、函数解释和参数解释。

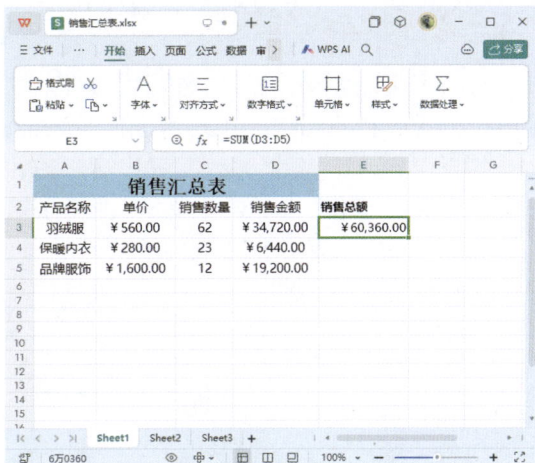

图 1-54

1.6 不加班问答实录

1.6.1 如何一次性显示工作表中的所有公式

如果想要查看工作表中的所有公式，通常需要单击包含公式的单元格，然后在编辑栏中查看相应公式，这种方式每次只能查看一个公式，效率较低。如果想一次性显示工作表中的所有公式，只需选择【公式】选项卡，然后单击【公式审核】组中的【显示公式】按钮 即可，如图 1-55 所示，显示效果如图 1-56 所示。

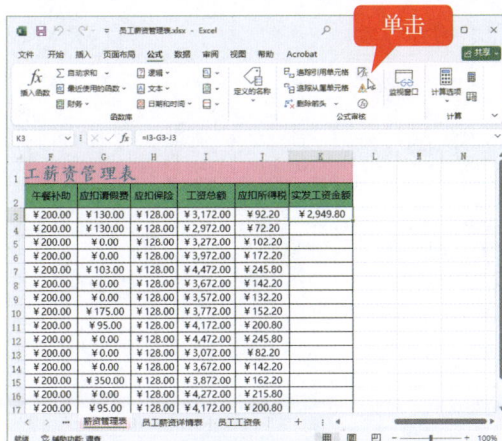

图 1-55

图 1-56

1.6.2 将公式结果转换为数值

如果不再需要对公式进行修改，可以将公式结果转换为数值，以避免以后因误操作而意外改变公式的计算结果。用户可以使用下面的方法将公式转换为数值。

打开"销售汇总表.xlsx"工作簿，右击准备将公式转换为数值的单元格，在弹出的快捷菜单中选择【复制】命令，如图 1-57 所示。

选择目标单元格，如选择"A6 单元格"，并右击，在弹出的快捷菜单中选择【选择性粘贴】命令，如图 1-58 所示。

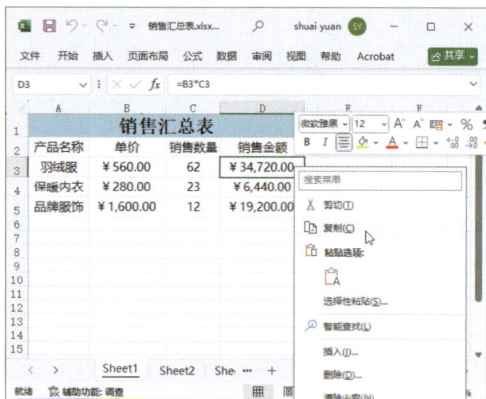

图 1-57

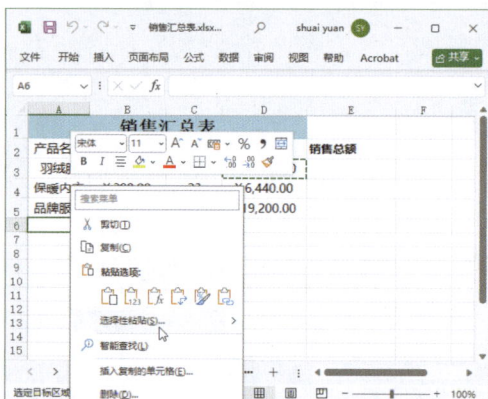

图 1-58

弹出【选择性粘贴】对话框，在【粘贴】选项区域下，选中【数值】单选按钮，单击【确定】按钮，如图 1-59 所示。

返回到工作表中，可以看到选择的单元格对应的编辑栏中将不再显示公式，而只是显示计算结果，这样即可将公式转换为数值，如图 1-60 所示。

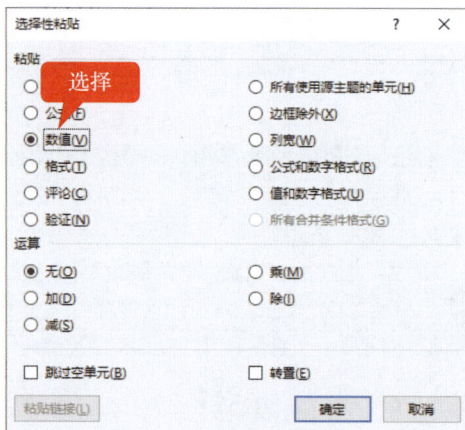

图 1-59

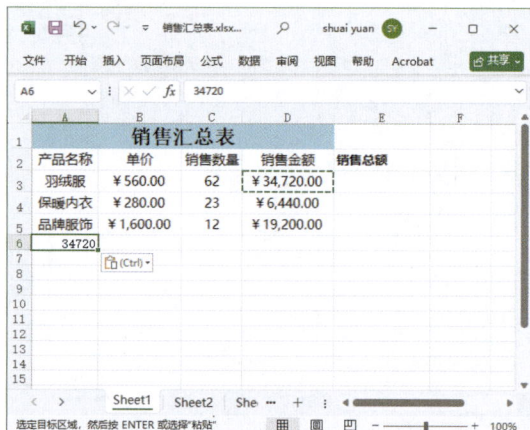

图 1-60

1.6.3 如何将公式定义为名称以快速进行计算

使用 Excel 中的定义名称功能，可以将公式定义为名称，这样便于用户再次使用，其方法与定义普通单元格的方法有所区别，下面介绍将公式定义为名称的方法。

打开素材文件"员工薪资管理表"工作簿，选中准备定义公式名称的单元格，在键盘上按 Ctrl+C 快捷键，复制编辑栏中的公式。接着，选择【公式】选项卡，单击【定义的名称】组中的【定义名称】按钮，如图 1-61 所示。

此时，将弹出【新建名称】对话框。在【名称】文本框中，输入准备使用的公式名称，然后在【引用位置】区域，粘贴刚刚复制的公式，单击【确定】按钮，如图 1-62 所示。

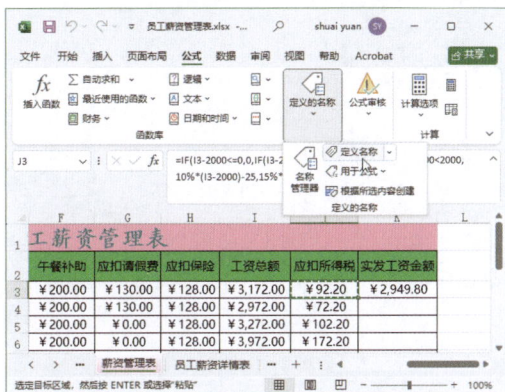

图 1-61

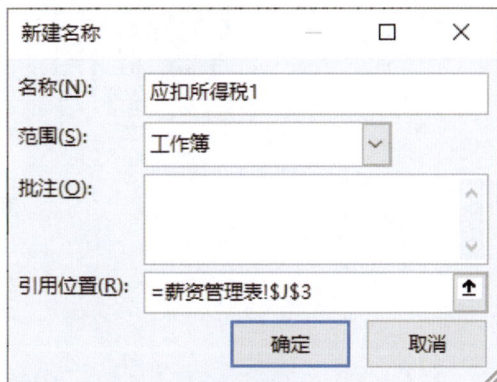

图 1-62

返回工作表，选择准备使用公式的单元格。在【定义的名称】组中，单击【用于公式】下拉按钮，在弹出的下拉列表中选择新建的公式名称"应扣所得税 1"，如图 1-63 所示。

在选中的单元格内，系统将显示新建的公式名称，如图 1-64 所示。

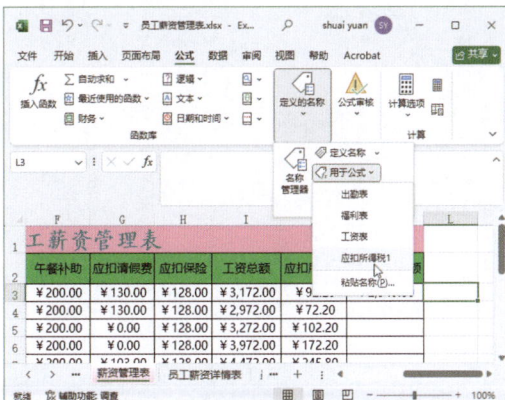

图 1-63

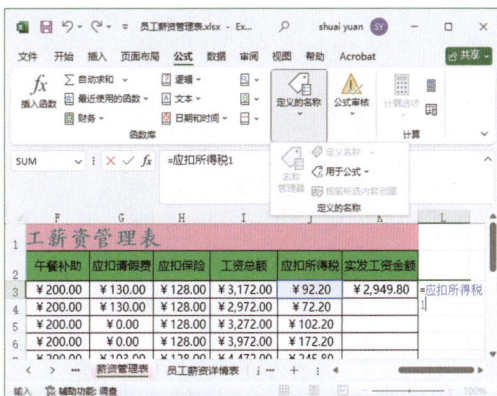

图 1-64

单击编辑栏中的【输入】按钮✓，系统将自动计算出结果，如图 1-65 所示。这样即可完成将公式定义为名称，从而实现快速计算。

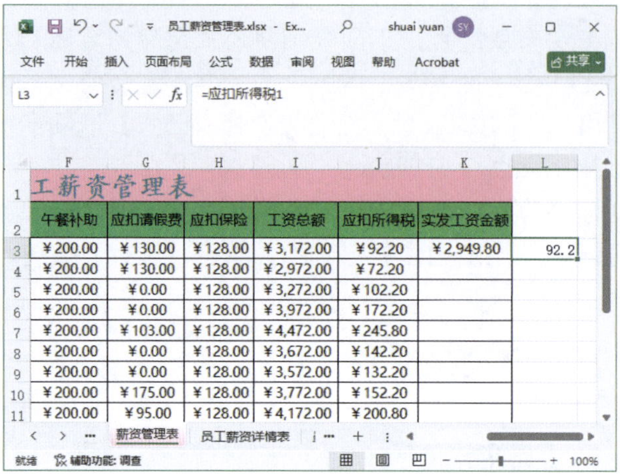

	F	G	H	I	J	K	L
2	午餐补助	应扣请假费	应扣保险	工资总额	应扣所得税	实发工资金额	
3	￥200.00	￥130.00	￥128.00	￥3,172.00	￥92.20	￥2,949.80	92.2
4	￥200.00	￥130.00	￥128.00	￥2,972.00	￥72.20		
5	￥200.00	￥0.00	￥128.00	￥3,272.00	￥102.20		
6	￥200.00	￥0.00	￥128.00	￥3,972.00	￥172.20		
7	￥200.00	￥103.00	￥128.00	￥4,472.00	￥245.80		
8	￥200.00	￥0.00	￥128.00	￥3,672.00	￥142.20		
9	￥200.00	￥0.00	￥128.00	￥3,572.00	￥132.20		
10	￥200.00	￥175.00	￥128.00	￥3,772.00	￥152.20		
11	￥200.00	￥95.00	￥128.00	￥4,172.00	￥200.80		

图 1-65

第 **2** 章

用手机扫描二维码
获取本章学习素材

逻辑函数的判断与选择

**本章知识
要点**

- ◎ 如何判断是与非
- ◎ 选择结果很简单
- ◎ AI办公——使用WPS AI判断成绩是否及格
- ◎ 不加班问答实录

**本章主要
内容**

　　本章主要介绍了逻辑函数的判断与选择的相关
知识及技巧，最后，还介绍了使用WPS AI判断成绩
是否及格的操作方法，并对一些常见的Excel公式
问题进行了解答。

2.1 如何判断是与非

逻辑函数主要用于在公式中对条件进行测试，并根据测试结果返回不同的数据，从而使公式更加智能化。用户可以通过 AND、OR 和 NOT 这三种逻辑函数来判断条件的真假，这些函数会返回逻辑值 TRUE 或 FALSE。本节将详细介绍这些函数的基本用法及其在实际中的应用。

2.1.1 判断多个条件是否同时成立

AND 函数用于判断多个条件是否同时成立，如果所有参数都为逻辑值 TRUE，AND 函数将返回 TRUE；只要有一个参数为逻辑值 FALSE，AND 函数就返回 FALSE。本例详细介绍利用 AND 函数快速检测产品是否合格。

<< 扫码获取配套视频课程。

第1步 打开素材文件"产品检验.xlsx"，选择 E2 单元格，在编辑栏中输入数组公式"=AND(B2:D2="合格")"，如图 2-1 所示，并按下 Ctrl+Shift+Enter 组合键。

第2步 在 E2 单元格中，如果显示"TRUE"则表示产品合格；如果显示"FALSE"则表示产品不合格。使用填充柄向下填充公式，即可完成检测产品是否合格的操作，如图 2-2 所示。

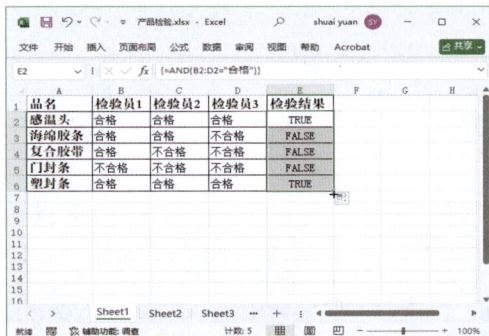

图 2-1

图 2-2

AND 函数的语法结构如下：

```
AND(logical1, [logical2], ...)
```

AND 函数语法包括以下参数。

➤ logical1(必需)：要检验的第一个条件，其计算结果可以为 TRUE 或 FALSE。

➤ logical2, ...(可选)：要检验的其他条件，最多可包含 255 个条件，每个条件的结果也应为 TRUE 或 FALSE。

知识拓展

参数的计算结果必须是逻辑值（如 TRUE 或 FALSE），或者参数必须是包含逻辑值的数组或引用。如果数组或引用参数中包含文本或空白单元格，这些值将被忽略。如果指定的单元格区域未包含逻辑值，AND 函数将返回错误值 #VALUE!。

2.1.2 判断多个条件中是否至少有一个条件成立

OR 函数用于判断多个条件中是否至少有一个条件成立，只要有一个参数为逻辑值 TRUE，OR 函数就会返回 TRUE；如果所有参数都为逻辑值 FALSE，OR 函数才返回 FALSE。本例详细介绍使用 OR 函数判断员工考核是否达标的方法。

<< 扫码获取配套视频课程。

第 1 步 打开素材文件“员工考核表.xlsx”，选择 F3 单元格，在编辑栏中输入公式“=OR(C3>=90,D3>=90,E3>=90)”，按下键盘上的 Enter 键，即可计算出该员工在技能考核中是否达标，如图 2-3 所示。

姓名	性别	笔试	实际操作1	实际操作2	考评
彭万里	男	90	97	93	TRUE
高大山	男	57	96	60	
谢大海	男	97	86	87	
马宏宇	女	97	80	87	
林莽	男	68	97	78	
黄强辉	男	68	80	67	
章汉	女	68	86	90	
范长美	女	96	96	90	

图 2-3

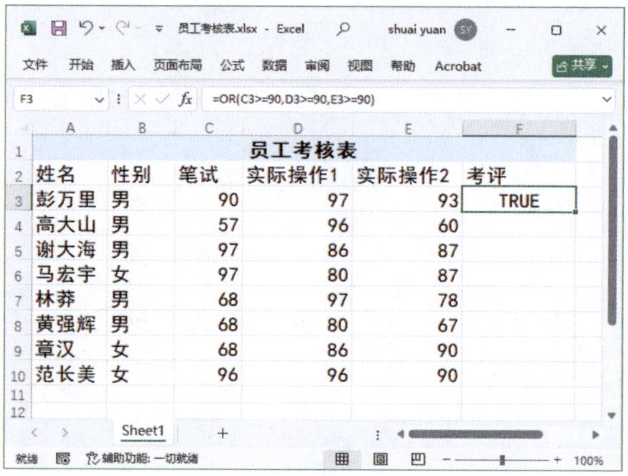

第 2 步 将鼠标指针移动至 F3 单元格的右下角，当鼠标指针变成“十”字形状时，单击鼠标左键并拖动至 F10 单元格，然后释放鼠标，即可计算出其他员工在技能考核中是否达标，如图 2-4 所示。

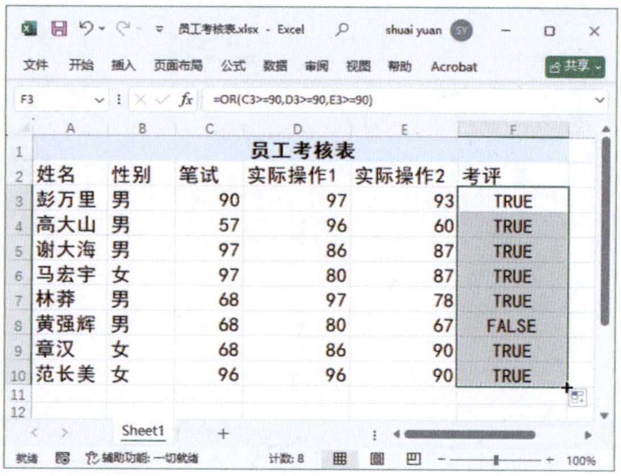

姓名	性别	笔试	实际操作1	实际操作2	考评
彭万里	男	90	97	93	TRUE
高大山	男	57	96	60	TRUE
谢大海	男	97	86	87	TRUE
马宏宇	女	97	80	87	TRUE
林莽	男	68	97	78	TRUE
黄强辉	男	68	80	67	FALSE
章汉	女	68	86	90	TRUE
范长美	女	96	96	90	TRUE

图 2-4

OR 函数的语法结构如下：

```
OR(logical1, [logical2], ...)
```

OR 函数语法包括以下参数。

➢ logical1（必需）：要测试的第一个条件。

➤ logical2, ...（可选）：要测试的其他条件，最多可以包含 255 个需要进行测试的条件。

🔍 知识拓展 ▪ ▪ ▪

　　所有参数可以是逻辑值 TRUE 或 FALSE，或者是可以转换为逻辑值的表达式，形式可以是数组或单元格引用。如果参数是文本型数字或文本，则 OR 函数将返回错误值"#VALUE！"。

2.1.3 对逻辑值求反

　　NOT 函数用于对逻辑值求反。如果输入的逻辑值为 FALSE，NOT 函数将返回 TRUE；如果输入的逻辑值为 TRUE，NOT 函数将返回 FALSE，本例将应用 NOT 函数对当前工作表中的员工进行筛选，其中性别为女的返回 FALSE；反之则返回 TRUE，下面具体介绍其操作步骤。

《《 扫码获取配套视频课程。

第1步 打开素材文件"员工考核表 .xlsx"，选择 F3 单元格，在编辑栏中输入公式"=NOT(B3="女")"。按下键盘上的 Enter 键，即可看到该员工是否被筛选掉，如图 2-5 所示。

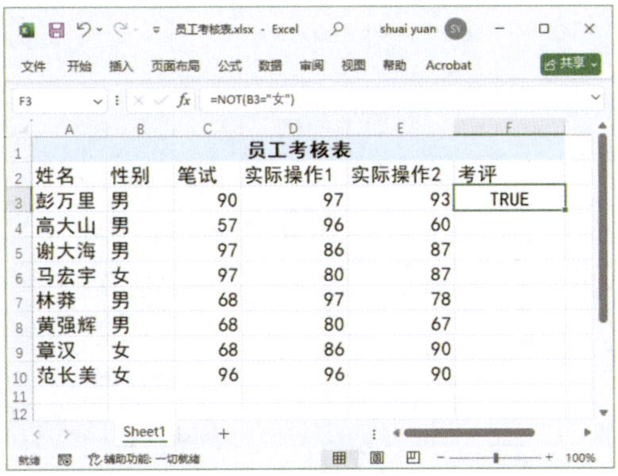

第2步 将鼠标指针移动到 F3 单元格的右下角，当鼠标指针变成"十"字形状时，单击鼠标左键并拖动至 F10 单元格，然后释放鼠标，这样即可完成对所有人员的筛选，如图 2-6 所示。

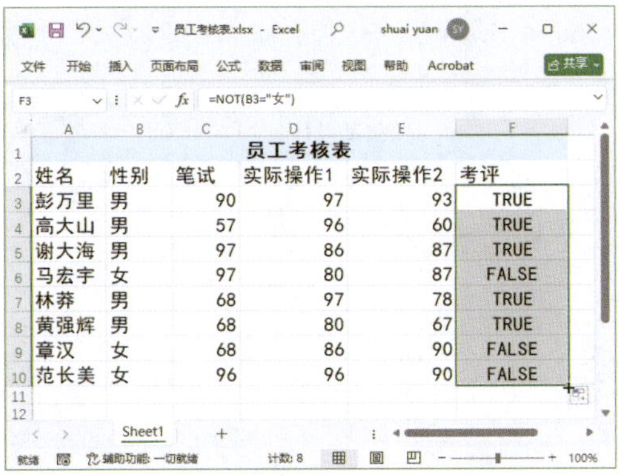

图 2-5

图 2-6

NOT 函数的语法结构如下：

```
NOT(logical)
```

NOT 函数语法包括以下参数。

logical（必需）：一个计算结果可以为"真"(TRUE) 或"假"(FALSE) 的值或表达式。

知识拓展 ■■■■

　　参数可以是逻辑值 TRUE 或 FALSE，或者是可以转换为逻辑值的表达式，形式可以是数组或单元格引用。如果参数是文本型数字或文本，NOT 函数将返回错误值 "#VALUE！"。

2.1.4　如何返回逻辑值 TRUE

　　TRUE 函数用于直接返回逻辑值 TRUE。TRUE 函数没有参数。本例将应用 TRUE 函数判断两列数据是否相同，下面详细介绍其操作步骤。

<< 扫码获取配套视频课程。

第1步　打开素材文件 "判断两列数据是否相同.xlsx"，选中 C2 单元格，在编辑栏中输入公式 "=A2=B2"，然后按下键盘上的 Enter 键，即可判断 A2 单元格中的数据与 B2 单元格中的数据是否相同，如图 2-7 所示。

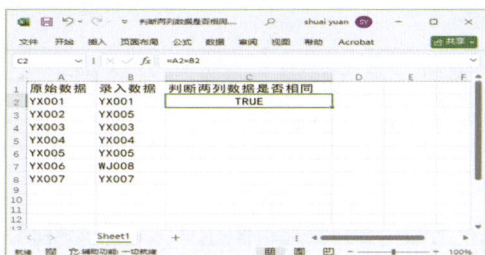

第2步　将鼠标指针移动到 C2 单元格右下角，待指针变成 "十" 字形状后，按住鼠标左键并向下拖动进行公式填充，即可判断 A 列数据与 B 列数据是否相同。如果相同则返回 TRUE，不相同则返回 FALSE，如图 2-8 所示。

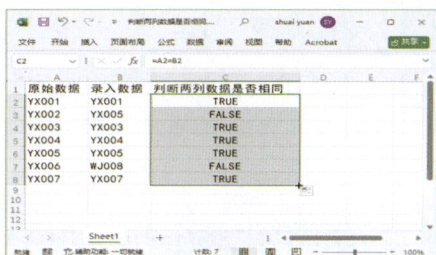

图 2-7

图 2-8

2.1.5　如何返回逻辑值 FALSE

　　FALSE 函数用于直接返回逻辑值 FALSE。用户也可以直接在工作表或公式中输入文字 "FALSE"，Excel 会自动将其解释为逻辑值 FALSE。FALSE 函数主要用于检查与其他电子表格程序的兼容性。本例将应用 FALSE 函数判断两列数据是否相等。其中 A、B 两列存放密码，A 列为随机密码，B 列为手动录入密码，需要判断哪些密码输入有误。

<< 扫码获取配套视频课程。

第1步 打开素材文件"密码录入对比.xlsx"，选择 C2 单元格，在编辑栏中输入公式"=A1=B1"。按下键盘上的 Enter 键，即可判断出第一个结果，如图 2-9 所示。

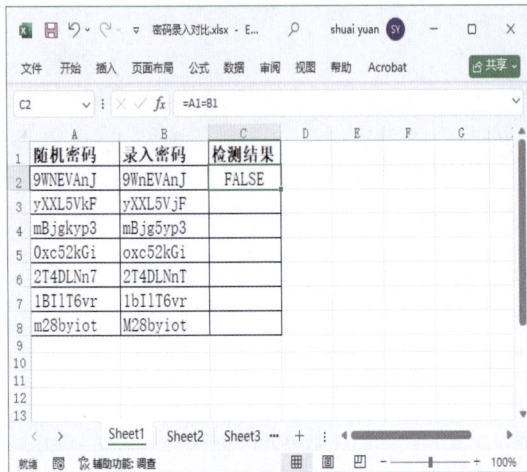

图 2-9

第2步 将鼠标指针移动到 C2 单元格的右下角，当鼠标指针变成"十"字形状时，单击鼠标左键并拖动至 C8 单元格，然后释放鼠标，这样即可判断两组数据是否相同。如果数据相同，则返回 TRUE，反之则返回 FALSE，如图 2-10 所示。

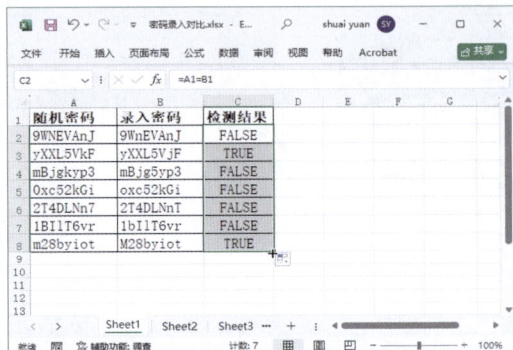

图 2-10

知识拓展 ■ ■ ■

通过观察可以看出，数据的对比是比较数字和字母是否相同，但是，字母并不区分大写与小写。如果用户需要完全相同的比较，可以使用 EXACT 函数。

2.1.6 早做完秘籍——使用 OR 配合 AND 函数判断职工是否退休

本例将使用 OR 函数和 AND 函数进行判断职工是否退休的操作。假设男职工大于 60 岁退休，女职工大于 55 岁退休，以下是根据工作表中的 10 个人判断是否已经退休的详细操作步骤。

<< 扫码获取配套视频课程。

第1步 打开本例的素材文件"职工是否退休.xlsx"，选择 D2 单元格，在编辑栏中输入公式"=OR(AND(B2=" 男 ",C2>60),AND(B2=" 女 ",C2>55))"。按下键盘上的 Enter 键，即可对第一个职工进行判断，如图 2-11 所示。

第2步 将鼠标指针移动到 D2 单元格的右下角，当鼠标指针变成"十"字形状时，单击鼠标左键并拖动至 D11 单元格，然后释放鼠标，即可一次性判断所有员工退休与否，如图 2-12 所示。

图 2-11

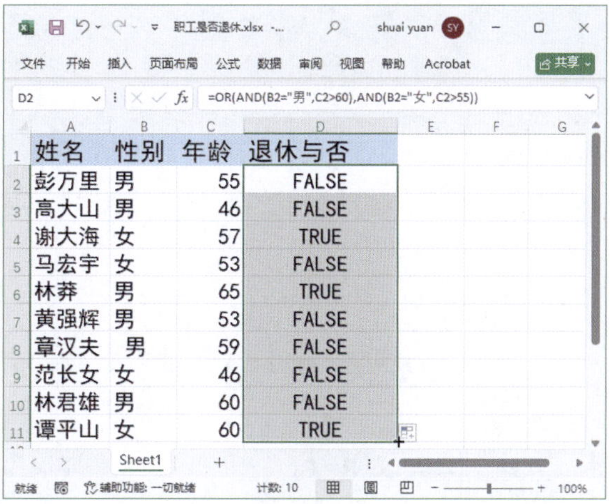

图 2-12

知识拓展 ■■■

上述公式中，首先利用 AND 函数判断是否满足"男"和"＞60"这两个条件，再判断是否满足"女"和"＞55"这两个条件，最后用 OR 函数取值。只要有任何一个 AND 函数返回为 TRUE，公式最后的结果就返回 TRUE。

2.2 选择结果很简单

IF 函数是条件判断函数，用户可以使用 IF 函数对数值和公式进行条件检测，这些函数可以轻松地帮助用户做出想要的选择结果。本节将以实例的形式来介绍该函数的功能。

2.2.1 如何使用 IF 函数标注不及格考生

IF 函数用于在公式中设置判断条件，然后根据判断结果 TRUE 或 FALSE 来返回不同的值。本例详细介绍使用 IF 函数标注不及格考生的操作步骤。

＜＜ 扫码获取配套视频课程。

第1步 打开素材文件"考生成绩 .xlsx"，选择 C2 单元格，在窗口编辑栏文本框中，输入公式"=IF(B2 < 60,"不及格","")"，并按下键盘上的 Enter 键，系统会在 C2 单元格内判断该考生是否及格，如图 2-13 所示。

第2步 按住鼠标左键向下填充公式，即可完成标注不及格考生的操作，如图 2-14 所示。

图 2-13

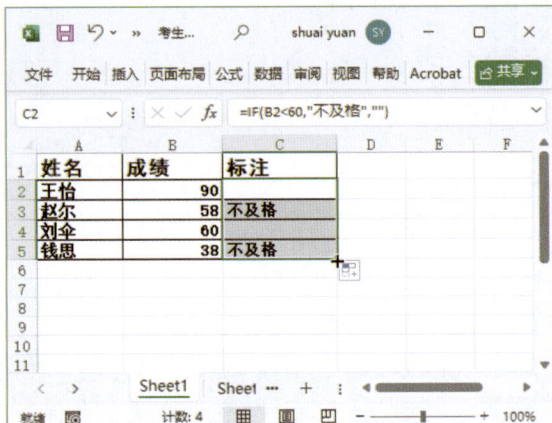

图 2-14

知识拓展 ◼ ▫ ▫

　　上述公式中使用 IF 函数判断成绩是否大于 60，如果大于，则公式返回"空值"，否则返回"不及格"。

　　IF 函数的语法结构如下：

```
IF(logical_test, [value_if_true], [value_if_false])
```

　　IF 函数语法包括以下参数。

　　logical_test(必需)：表示计算结果为 TRUE 或 FALSE 的任何值或表达式。例如，A10=100 就是一个逻辑表达式；如果单元格 A10 中的值等于 100，则表达式的计算结果为 TRUE。否则，表达式的计算结果为 FALSE。此参数可以使用任何比较运算符。

　　value_if_true (可选)：表示当 logical_test 参数的计算结果为 TRUE 时所要返回的值。例如，如果此参数的值为文本字符串"预算内"，并且 logical_test 参数的计算结果为 TRUE，则 IF 函数返回文本"预算内"。如果 logical_test 的计算结果为 TRUE，并且省略 value_if_true 参数 (即 logical_test 参数后仅跟一个逗号)，IF 函数将返回 0(零)。若要显示单词 TRUE，应对 value_if_true 参数使用逻辑值 TRUE。

　　value_if_false(可选)：表示当 logical_test 参数的计算结果为 FALSE 时所要返回的值。

例如，如果此参数的值为文本字符串"超出预算"，并且 logical_test 参数的计算结果为 FALSE，则 IF 函数返回文本"超出预算"。如果 logical_test 的计算结果为 FALSE，并且省略 value_if_false 参数（即 value_if_true 参数后没有逗号），则 IF 函数返回逻辑值 FALSE。如果 logical_test 的计算结果为 FALSE，并且省略 value_if_false 参数的值（即在 IF 函数中，value_if_true 参数后没有逗号），则 IF 函数返回值为 0(零)。

2.2.2 按多重条件判断业绩区间并给予不同的奖金比例

在 Excel 中，如何运用 IF 函数进行多重条件判断以给予不同奖金比例呢？在本例中，公司规定如下资金比例：销售业绩小于 50 000 元的，提成 3% 作为奖金；销售业绩为 50 000 ～ 80 000 元的，提成 5% 作为奖金；销售业绩在 80 000 元以上的，提成 8% 作为奖金。

<< 扫码获取配套视频课程。

第 1 步 打开素材文件"销售业绩 .xlsx"，选择 D2 单元格，在编辑栏中输入公式"=IF(C2<=50000,C2*0.03,IF(C2<=80000,C2*0.05,C2*0.08))"。按下键盘上的 Enter 键，即可计算出第一名员工的奖金，如图 2-15 所示。

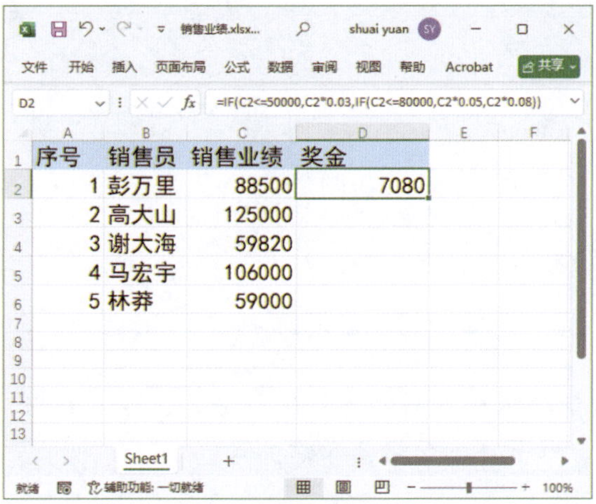

图 2-15

第 2 步 将鼠标指针移动到 D2 单元格的右下角，当鼠标指针变成"十"字形状时，单击鼠标左键并拖动至 D6 单元格，然后释放鼠标，即可计算出所有员工的奖金，如图 2-16 所示。

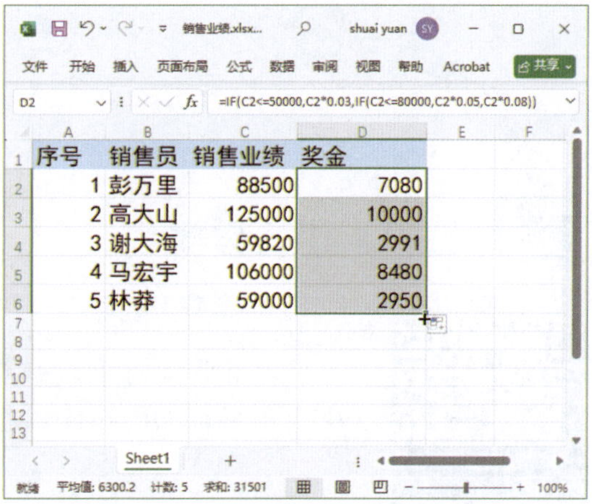

图 2-16

35

2.2.3 选择面试人员

本例在对应聘人员进行考核之后，使用 IF 函数配合 NOT 函数对应聘人员进行筛选，使分数大于 120 分的达标者具有面试资格，以下详细介绍其操作步骤。

<< 扫码获取配套视频课程。

第 1 步 打开素材文件"面试人员 .xlsx"，选择 E2 单元格，在编辑栏文本框中，输入公式"=IF(NOT(D2<120),"面试","")"，并按下键盘上的 Enter 键，在 E2 单元格中，系统会自动对具有面试资格的应聘人员标注"面试"信息，如图 2-17 所示。

第 2 步 将鼠标指针移动到 E2 单元格的右下角，当鼠标指针变成"十"字形状时，单击鼠标左键并拖动至 E6 单元格，然后释放鼠标，即可完成选择面试人员的操作，如图 2-18 所示。

图 2-17

图 2-18

2.2.4 对产品进行分类

在日常工作中，如果希望对两种类别的商品进行分类，可以利用 IF 函数搭配 OR 函数来完成，以下详细介绍其操作步骤。

<< 扫码获取配套视频课程。

第1步 打开素材文件"划分商品类别.xlsx"，选择 B2 单元格，在编辑栏中输入公式"=IF(OR(A2="洗衣机"，A2="电视"，A2="空调"),"家电类","数码类")"，然后按下键盘上的 Enter 键。在 B2 单元格中，系统会自动对商品进行分类，如图 2-19 所示。

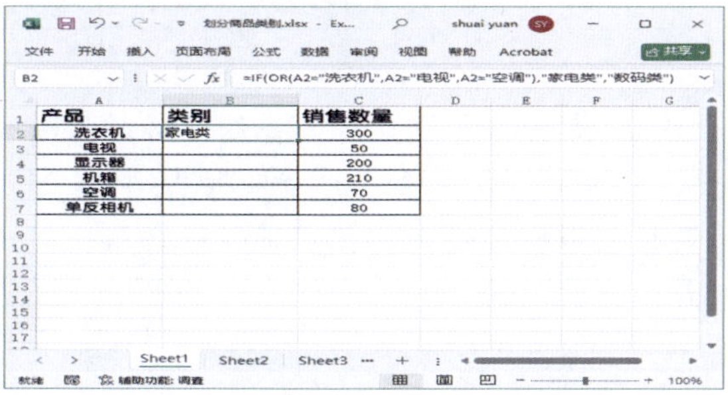

第2步 将鼠标指针移动到 B2 单元格的右下角，当鼠标指针变成"十"字形状时，向下拖动填充公式即可完成对产品进行分类的操作，如图 2-20 所示。

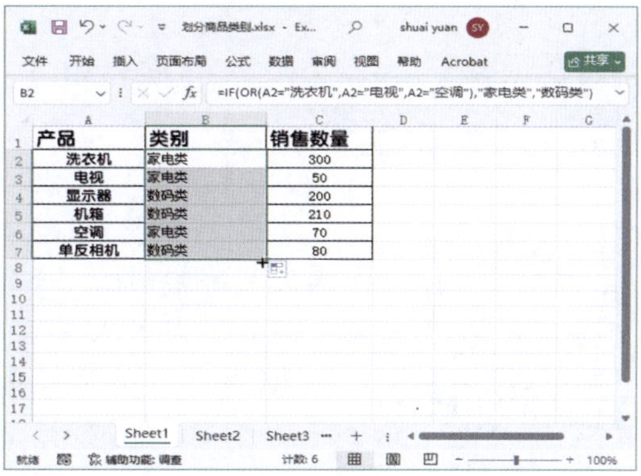

图 2-19

图 2-20

2.2.5 早做完秘籍——根据业绩计算奖金总额

使用 IF 函数和 SUM 函数嵌套，可以根据业绩计算奖金总额。在本例中，假设"业绩"大于 60 000 元的，员工奖金为 2 000 元，否则奖金为 1 000 元。下面详细介绍其操作步骤。

<< 扫码获取配套视频课程。

打开本例的素材文件"计算奖金.xlsx，选择 D2 单元格，在编辑栏中输入公式"=SUM(IF(C2:C9>60000,2000,1000))"，按 Ctrl+Shift+Enter 组合键，即可计算出奖金总额，如图 2-21 所示。

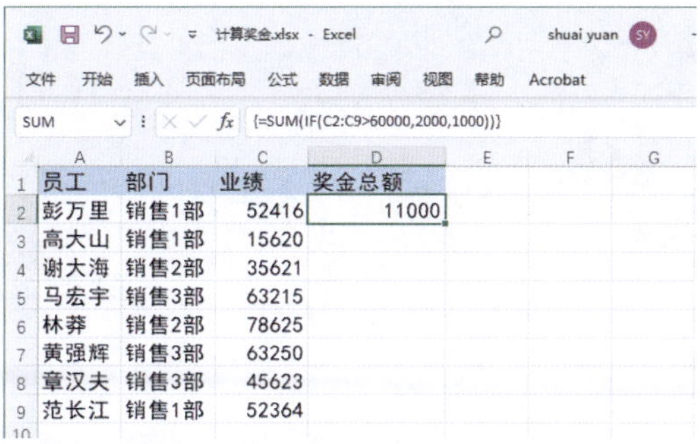

图 2-21

知识拓展 ■

上述公式中，通过 IF 函数将区域分为两类，如果业绩大于 60 000 元，则按 2 000 元计算奖金，否则按 1 000 元计算。最后使用 SUM 函数将所有奖金汇总求和。

2.3 AI 办公——使用 WPS AI 判断成绩是否及格

使用 WPS AI 可以快速生成 IF 函数和其他函数嵌套的公式，从而完成更复杂的判断。本例假设"笔试""实际操作 1"和"实际操作 2"的平均成绩大于或等于 80 为及格，否则为不及格，以下详细介绍使用 WPS AI 判断成绩是否及格的具体操作步骤。

<< 扫码获取配套视频课程。

第 1 步 启动 WPS Office 软件，打开素材文件"员工考核表.xlsx"，选择 F3 单元格，单击【WPS AI】菜单，选择【AI 写公式】菜单项，如图 2-22 所示。

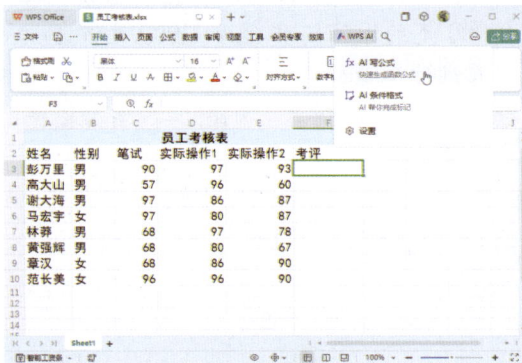

图 2-22

第 2 步 系统会弹出一个指令输入框，在其中输入指令"使用 IF 函数判断成绩是否及格，'笔试''实际操作 1'和'实际操作 2'的平均成绩大于或等于 80 为及格，否则不及格"，然后按下键盘上的 Enter 键，如图 2-23 所示。

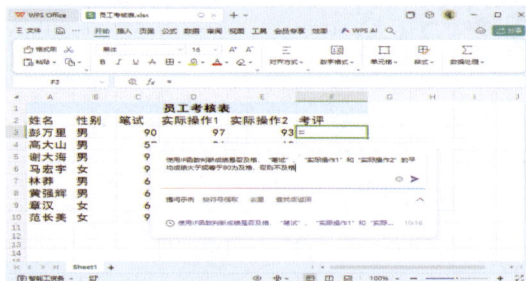

图 2-23

第 3 步 正在解析指令，用户需要在线等待一段时间，如图 2-24 所示。

第 4 步 在指令输入框中会显示出公式结果，用户可以检查该公式是不是自己想要的，确认无误后，单击【完成】按钮，如图 2-25 所示。

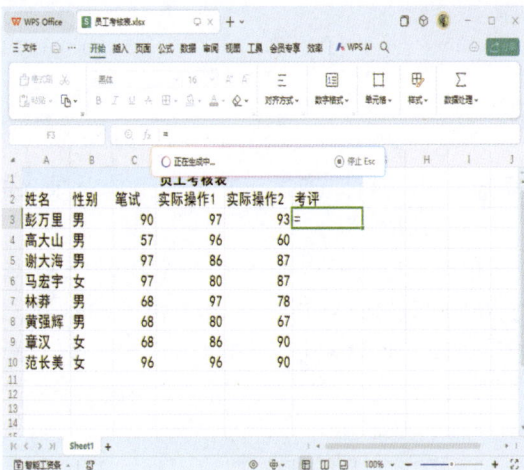

图 2-24

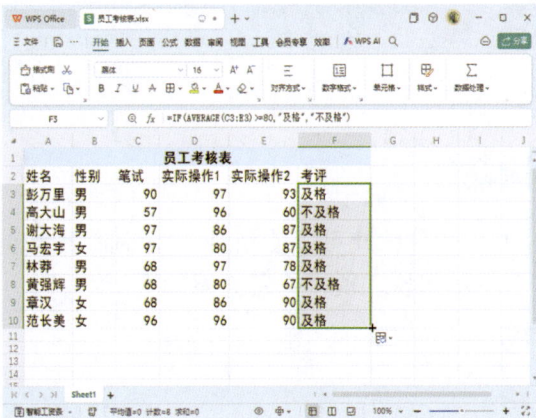

图 2-25

第 5 步 将鼠标指针移动到 F3 单元格的右下角，当鼠标指针变成"十"字形状时，向下拖动填充公式即可完成判断员工成绩是否及格，如图 2-26 所示。

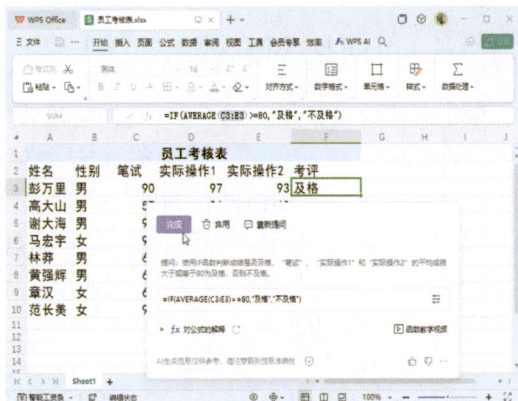

图 2-26

第 6 步 WPS AI 显示公式结果后，用户还可以单击【对公式的解释】折叠按钮 ▾，展开查看【公式意义】【函数解释】以及【参数解释】等详细信息，如图 2-27 所示。

图 2-27

2.4 不加班问答实录

2.4.1 如何比对文本

函数 EXACT 区分大小写，但忽略格式上的差异。用户可以通过 EXACT 函数对录入的数据进行比对，下面详细介绍其操作方法。

打开素材文件"邀请码比对.xlsx"，选择 C2 单元格，在编辑栏中输入公式"=IF(EXACT (A2,B2), " 可用 "," 不可用 ")"，并按下键盘上的 Enter 键。如果两组邀请码相同，则在 C2 单元格内显示"可用"信息，反之则显示"不可用"信息。按住鼠标左键向下拖动填充公式，即可完成比对文本的操作，如图 2-28 所示。

图 2-28

2.4.2 如何使用 IF 函数计算个人所得税

不同的工资额应缴纳的个人所得税税率也各不相同，因此可以使用 IF 函数判断出当前员工工资应缴纳的税率，再自动计算出应缴纳的个人所得税。税率约定具体如下。

➢ 工资为 1 000 元以下的免征个人所得税。
➢ 工资为 1 000 ～ 5 000 元，税率为 10%。
➢ 工资为 5 000 ～ 10 000 元，税率为 15%。
➢ 工资为 10 000 ～ 20 000 元，税率为 20%。
➢ 工资为 20 000 元以上，税率为 25%。

打开本例的素材文件"个人所得税.xlsx"，选择 C2 单元格，在编辑栏中输入公式：=IF(B2<1000,0,IF(B2<=5000,(B2-1000)*0.1,IF(B2<=10000,(B2-5000)*0.15+25,IF(B2<= 20000,(B2-10000)*0.2+125,(B2-20000)*0.25+375))))，按 Enter 键，即可计算出第一位员工的

个人所得税，如图 2-29 所示。

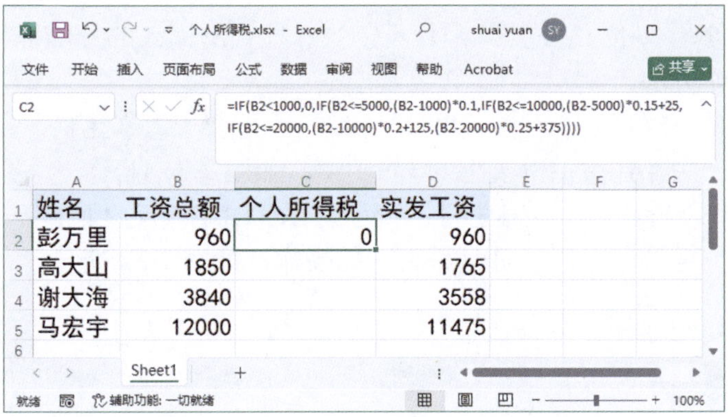

图 2-29

选中 C2 单元格，向下拖动进行公式填充，即可实现快速计算出其他员工应缴纳的个人所得税，如图 2-30 所示。

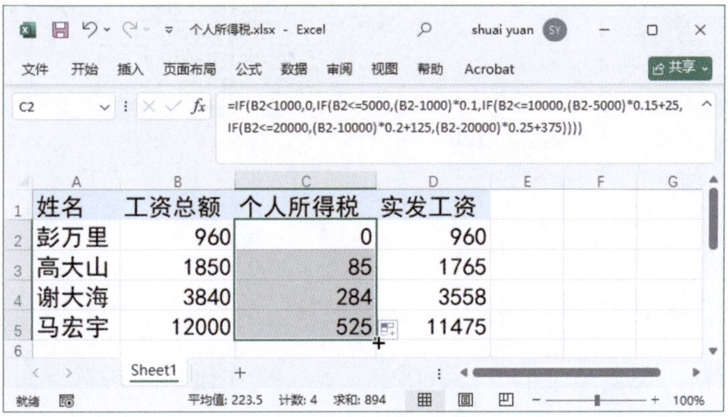

图 2-30

知识拓展

在公式中出现的 "25" "125" 和 "375" 是个人所得税的速算扣除数，这是标准的个人所得税税率速算扣除数。

"B2 < =1000"，判断工资总额是否小于 1000 元；"B2 < =5000" 判断工资总额是否小于 5000 元且大于 1000 元；"B2 < =10000" 判断工资总额是否小于 10000 元且大于 5000 元；"B2 < =20000"，判断工资总额是否小于 20000 元且大于 10000 元；公式最后的 "(B2-20000)*0.25+375)" 判断工资总额是否大于 20000 元。

2.4.3 检查身份证号码长度是否正确

身份证号码长度为18位,通过OR函数可以快速检查出输入的身份证号码长度是否正确,下面详细介绍其操作方法。

打开素材文件“身份证号码长度检查.xlsx”，选择C2单元格，编辑栏中输入公式“=OR(LEN(B2)=18)”，并按下键盘上的Enter键，如图2-31所示。

在C2单元格中，长度正确的身份证号码会显示TRUE，反之则显示FALSE，向下填充公式，即可完成检查身份证号码长度是否正确的操作，如图2-32所示。

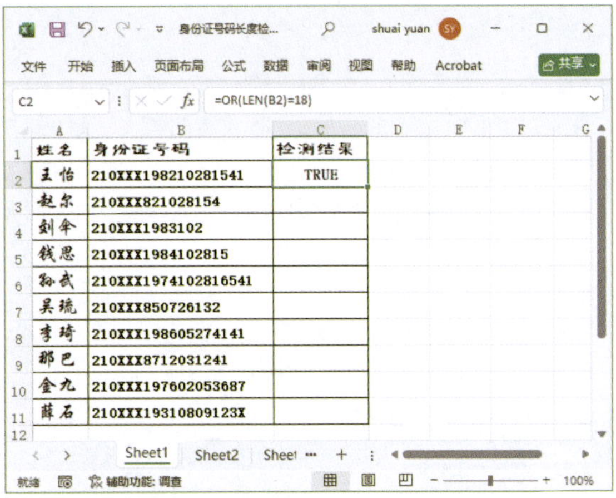

姓名	身份证号码	检测结果
王怡	210XXX198210281541	TRUE
赵尔	210XXX821028154	
刘伞	210XXX1983102	
钱思	210XXX1984102815	
孙武	210XXX1974102816541	
吴琉	210XXX850726132	
李琦	210XXX198605274141	
郑巴	210XXX8712031241	
金九	210XXX197602053687	
薛石	210XXX19310809123X	

图2-31

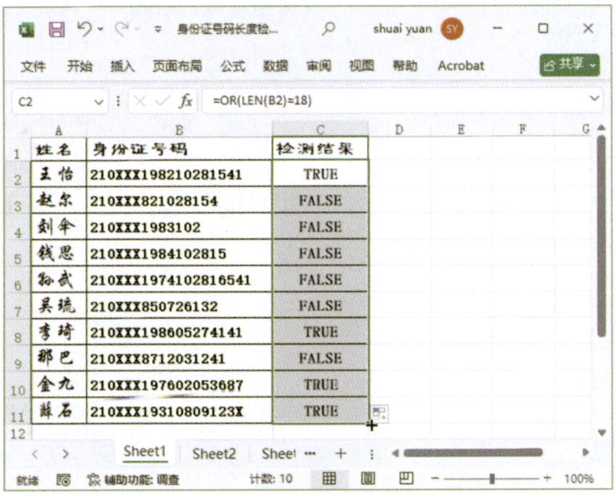

姓名	身份证号码	检测结果
王怡	210XXX198210281541	TRUE
赵尔	210XXX821028154	FALSE
刘伞	210XXX1983102	FALSE
钱思	210XXX1984102815	FALSE
孙武	210XXX1974102816541	FALSE
吴琉	210XXX850726132	FALSE
李琦	210XXX198605274141	TRUE
郑巴	210XXX8712031241	FALSE
金九	210XXX197602053687	TRUE
薛石	210XXX19310809123X	TRUE

图2-32

2.4.4 如何升级电话号码位数

很多地区的电话号码由原来的7位升级为8位，为了快速将所有电话号码升级，方便工作需要，下面详细介绍升级电话号码位数的操作方法。

打开素材文件“电话号码升级.xlsx”，选择C2单元格，在编辑栏中输入公式“=REPLACE(B2,6,0,8)”，并按下键盘上的Enter键，如图2-33所示。

在C2单元格中，系统会自动对老电话号码进行位数升级。使用鼠标左键向下拖动填充公式，即可完成升级电话号码位数的操作，如图2-34所示。

2.4.5 解决计算结果为“0”或错误值的问题

在使用公式进行运算时，如果引用的单元格中没有输入值，可能会出现0值或错误值(例如，除法运算中的被除数为空时)，如图2-35所示。此时，可以使用IF、OR和ISBLANK函数配合来解决。

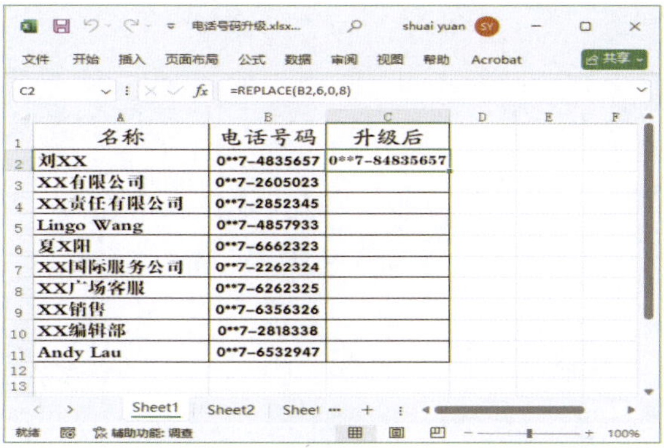

图 2-33

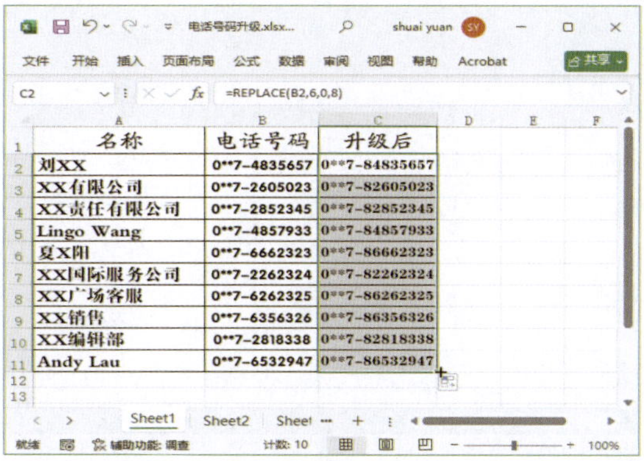

图 2-34

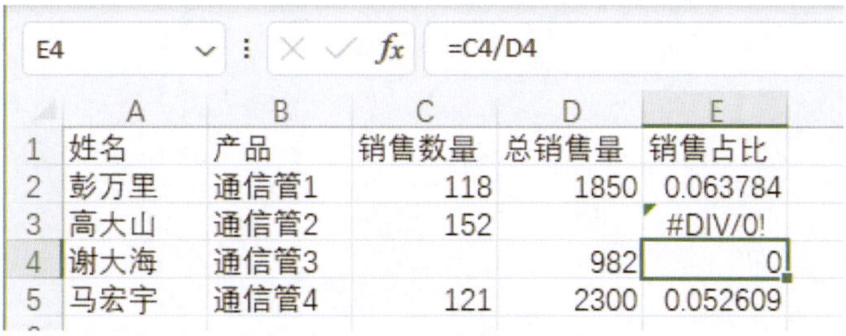

图 2-35

下面具体介绍其操作方法。

打开素材文件"解决计算结果问题 .xlsx",选择 E2 单元格,在编辑栏中输入公式:"=IF(OR(ISBLANK(C2),ISBLANK(D2))," ",C2/D2)",按下键盘上的 Enter 键。然后选中 E2 单元格,向下拖动进行公式填充,这样即可解决错误值及 0 值的问题,如图 2-36 所示。

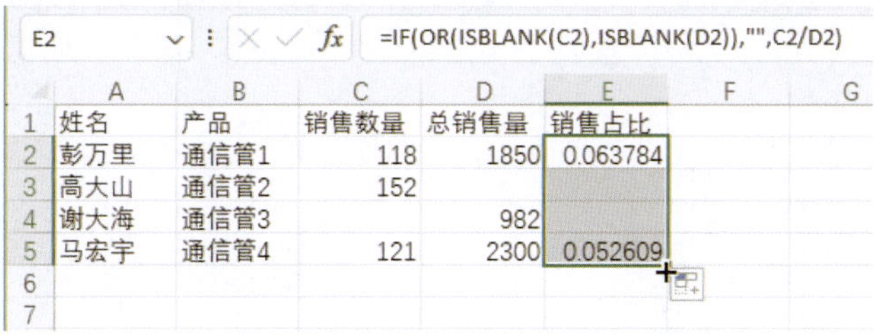

图 2-36

第 **3** 章

用手机扫描二维码
获取本章学习素材

进行数学运算与数据统计

**本章知识
要点**

◎　简单易用的求和运算
◎　求指定数据的平均值
◎　统计符合条件的单元格数量
◎　舍入计算
◎　常见的数据学运算应用
◎　AI办公——使用WPS AI计算男生平均成绩
◎　不加班问答实录

**本章主要
内容**

　　本章主要介绍了数学运算与数据统计的相关知识和技巧。主要内容包括简单易用的求和运算、计算指定数据的平均值、统计符合特定条件的单元格数量、舍入计算，以及常见的数据学运算应用。最后，本章还介绍了如何使用WPS AI计算男生平均成绩的操作方法，并对一些常见的Excel公式问题进行了解答。

3.1 简单易用的求和运算

Excel 的数学计算功能非常强大，提供了丰富的数学计算函数，帮助用户提高运算效率。所谓求和函数，是指返回某一单元格区域中数字、逻辑值及数字文本表达式之和的功能，即计算每个参数的总和。用户可以通过 SUM 函数、SUMIF 函数、SUMIFS 函数等，对数据进行求和操作。

3.1.1 使用 SUM 函数统计总和

SUM 函数用于返回某一单元格区域中所有数字之和。本例使用 SUM 函数统计每位学生的总成绩，可以快速得出学生总成绩，下面详细介绍其操作步骤。

<< 扫码获取配套视频课程。

第 1 步 打开素材文件"学生成绩.xlsx"，选择 E2 单元格，在编辑栏中输入公式"=SUM(B2:D2)"，并按下键盘上的 Enter 键。在 E2 单元格中，系统会自动计算出该学生的总成绩，如图 3-1 所示。

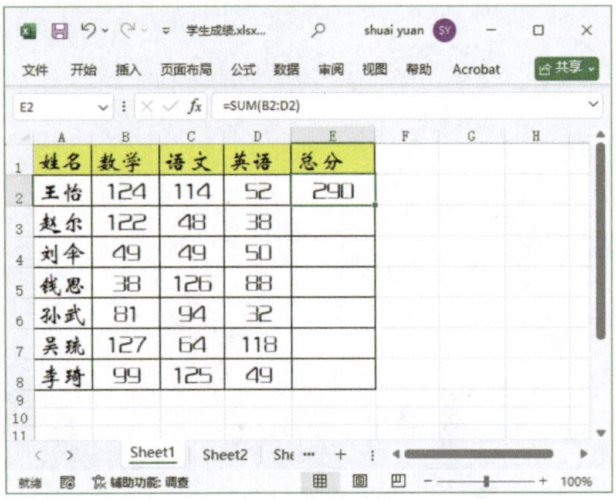

图 3-1

第 2 步 向下拖动填充公式至其他单元格，即可完成所有学生总分成绩的计算，如图 3-2 所示。

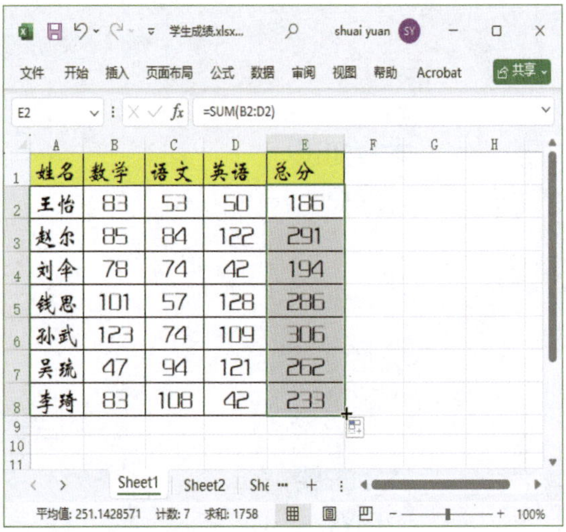

图 3-2

SUM 函数的语法结构如下：

SUM(number1,[number2],...)

SUM 函数语法包括以下参数。

➤ number1（必需）：表示要相加的第一个数值参数。

➤ number2…(可选)：表示要相加的第 2 到第 255 个数值参数。

知识拓展

如果参数是一个数组或引用，则只计算其中的数字。数组或引用中的空白单元格、逻辑值或文本将被忽略。如果参数为错误值或是不能转换为数字的文本，将导致错误。

3.1.2 为 SUMIF 设置求和条件

SUMIF 函数用于对区域中符合指定条件的值进行求和。本例的工作表包含多位员工的数据，这些员工分属不同的销售部门，那么可以利用 SUMIF 函数对各个部门的销售数据进行汇总，下面详细介绍其操作步骤。

<< 扫码获取配套视频课程。

第1步 打开素材文件 "各部门销售统计.xlsx"，选择 E4 单元格，在编辑栏中输入公式 "=SUMIF(B2:B9,D4,C2:C9)"，然后按下 Enter 键，系统将在 E4 单元格中自动计算出销售一部的销售额总和，如图 3-3 所示。

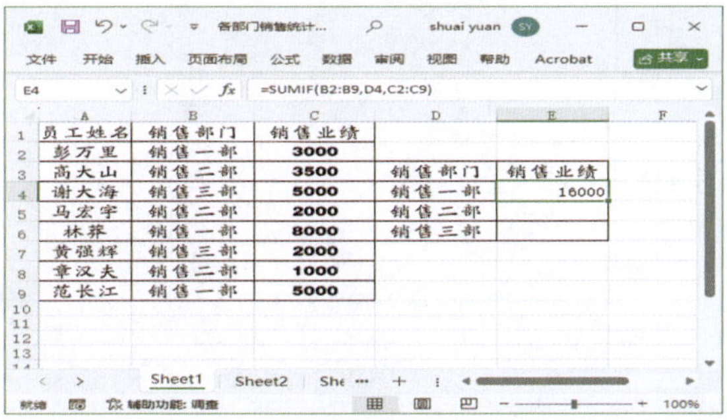

第2步 向下拖动填充柄，将公式填充至其他单元格，即可完成各部门销售额的统计，如图 3-4 所示。

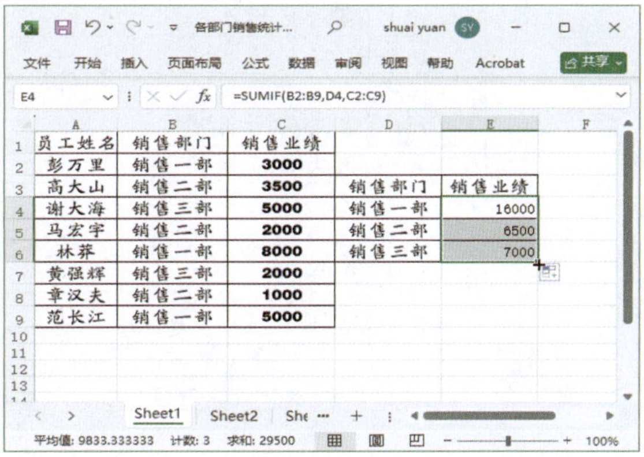

图 3-3

图 3-4

SUMIF 函数的语法结构如下：

SUMIF(range, criteria, [sum_range])

SUMIF 函数语法包括以下参数。

➤ range(必需)：表示用于条件计算的单元格区域。区域中的每个单元格都必须是数字、名称、数组或包含数字的引用。空值和文本值将被忽略。

➤ criteria(必需)：表示对哪些单元格求和的条件，可以是数字、表达式、单元格引用、文本或函数。例如，条件可以表示为 28、">32"、B5、"32"、"苹果" 或

TODAY()。

➤ sum_range(可选)：表示实际要求和的单元格 (如果要对不在 range 参数中指定的单元格求和)。如果省略 sum_range 参数，Excel 将对 range 参数中指定的单元格 (即符合条件的单元格) 求和。

3.1.3 早做完秘籍——统计指定商品的销售数量

使用通配符配合 SUMIF 函数，可以方便用户统计指定商品的销售数量，下面将详细介绍其操作方法。

打开素材文件"各部门销售统计 .xlsx"，选择 D7 单元格，在编辑栏中输入公式"=SUMIF(B2:B10," 真心 *",C2:C10)"，然后按下 Enter 键，系统将在 D7 单元格中自动计算出真心罐头的销售数量。通过以上步骤即可完成统计指定商品销售数量的操作，如图 3-5 所示。

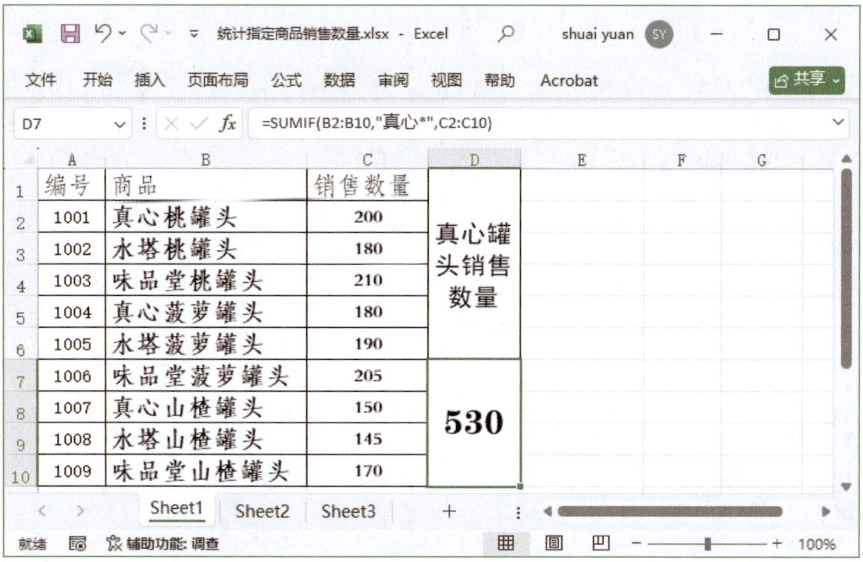

图 3-5

知识拓展 ■ ■ ■

上述公式中使用的星号"*"是一个通配符，它和问号"?"一样，可以代表任意数量的数字、字母、汉字或其他字符。区别在于，一个"?"只能代表一个任意的字符，而一个"*"可以代表任意数量的任意字符。

3.1.4 早做完秘籍——统计某日期区间的销售金额

SUMIFS 函数用于对满足多重条件的单元格区域进行求和。下面将详细介绍 SUMIFS 函数的语法结构及如何使用它来统计特定日期区间的销售金额。

SUMIFS 函数的语法结构如下：

SUMIFS(sum_range, criteria_range1, criteria1, [criteria_range2, criteria2], ...)

SUMIF 函数语法包括以下参数。

➢ sum_range(必需)：表示要求和的单元格区域，可以是数字或包含数字的名称、区域或单元格引用。空值和文本值将被忽略。

➢ criteria_range1(必需)：表示要第一个条件判断的单元格区域。

➢ criteria1(必需)：表示第一个条件，可以是数字、表达式、单元格引用或文本，用于定义对 criteria_range1 参数中的哪些单元格求和。例如，条件可以是 28、">32"、B4、"苹果"或"32"。

➢ criteria_range2, criteria2, …(可选)：附加的区域及其关联条件。最多允许 127 个区域/条件对。

通过 SUMIFS 函数设置的公式，可以统计出某日期区间销售金额，以下具体介绍其操作方法。

打开本例的素材文件"商品销售额 .xlsx"，选中 F5 单元格，在编辑栏中输入公式"=SUMIFS(D2:D9,A2:A9, ">24-1-10", A2:A9, "<=24-1-20")"，然后按下键盘上的 Enter 键，系统将自动统计出 2024 年 1 月中旬的销售金额，如图 3-6 所示。

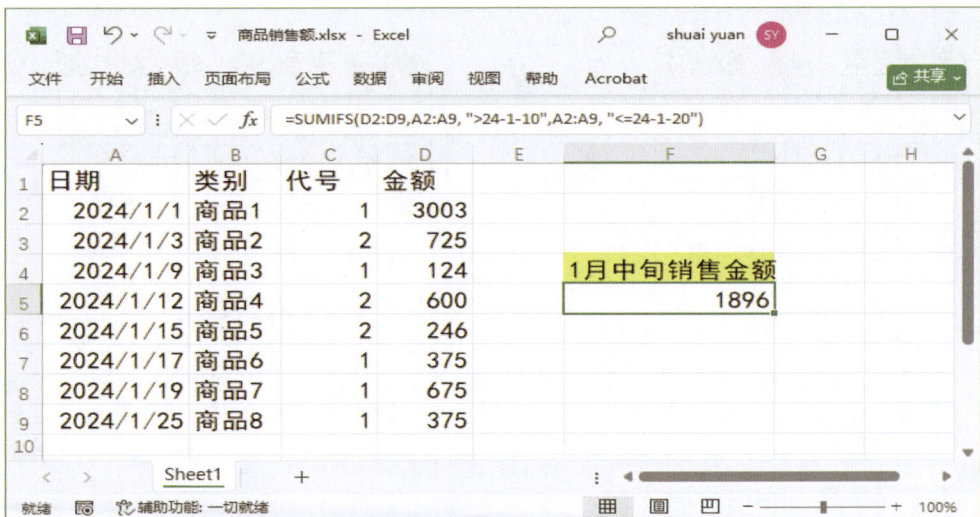

图 3-6

3.2　求指定数据的平均值

　　用户可以通过 AVERAGE 函数、AVERAGEIF 函数、AVERAGEIFS 函数等，来计算指定数据的平均值。

3.2.1　使用 AVERAGE 函数求平均值

　　AVERAGE 函数用于计算一组数值的平均值，本例通过使用 AVERAGE 函数来计算学生成绩的平均值，下面详细介绍计算学生平均成绩的操作步骤。

<< 扫码获取配套视频课程。

第 1 步　打开素材文件"平均成绩 .xlsx"，选择 E2 单元格，在编辑栏中输入公式"=AVERAGE(B2:D2)"，按 Enter 键。在 E2 单元格中，将自动计算出该学生的平均分数，如图 3-7 所示。

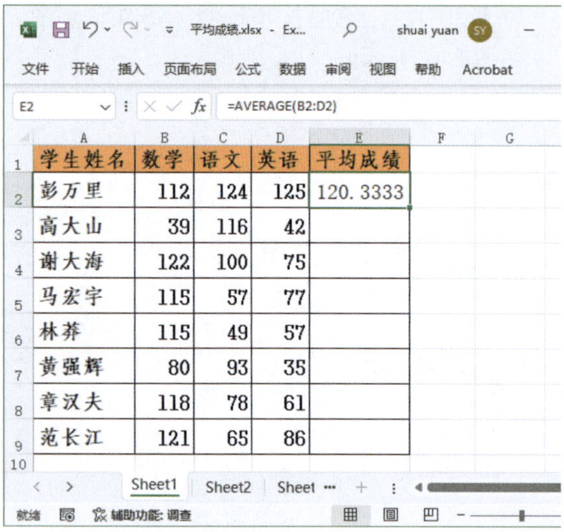

第 2 步　向下拖动填充柄，以填充公式，从而完成计算所有学生平均成绩的操作，如图 3-8 所示。

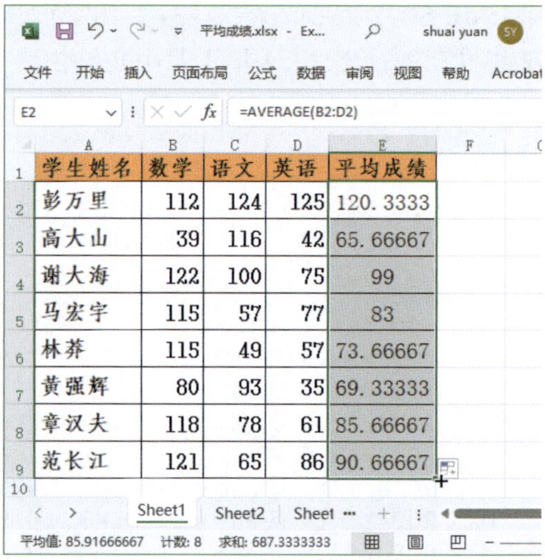

图 3-7

图 3-8

AVERAGE 函数的语法结构如下：

AVERAGE(number1,number2,...)

AVERAGE 函数语法参数如下：number1,number2,... 是要计算平均值的 1 ~ 255 个参数。

这些参数可以是数字，或者是包含数字的名称、数组或引用。如果数组或单元格引用参数中包含文字、逻辑值或空单元格，则这些值将被忽略；如果单元格包含 0 值，则计算在内。

3.2.2 使用 AVERAGEIF 函数按单条件求平均值

AVERAGEIF 函数用于计算满足单个条件的单元格区域的平均值。本例使用 AVERAGEIF 函数来计算所有男生的平均成绩，下面详细介绍其操作步骤。

<< 扫码获取配套视频课程。

第 1 步 打开素材文件"成绩表 .xlsx"，选择 E2 单元格，在编辑栏中输入公式"=AVERAGEIF(B2:B11," 男 ",C2:C11)"，如图 3-9 所示。

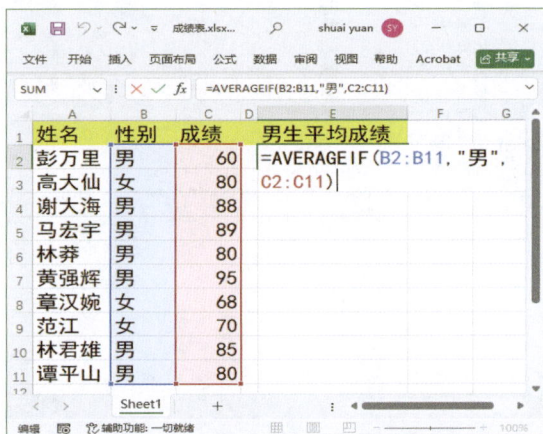

图 3-9

第 2 步 按下 Enter 键，即可计算出所有男生的平均成绩，如图 3-10 所示。

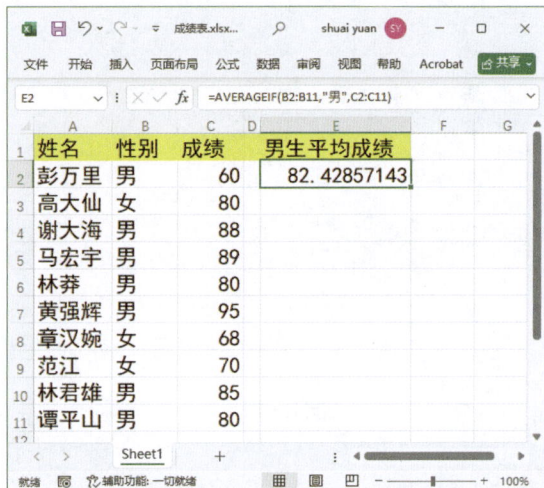

图 3-10

AVERAGEIF 函数的语法结构如下：

AVERAGEIF(range,criteria,[average_range])

AVERAGEIF 函数语法，包括以下参数。

- range（必需）：要计算平均值的一个或多个单元格，可以是数字或包含数字的名称、数组或引用。
- criteria（必需）：用于定义计算平均值的单元格的条件，可以是数字、表达式、单元格引用或文本。例如，条件可以是 12、>12、"苹果"或 C4。
- average_range：可选参数。实际计算平均值的单元格区域。如果省略，则使用 range 参数。

3.2.3 使用 AVERAGEIFS 函数进行多条件求平均值

AVERAGEIFS 函数用于计算满足多重条件的单元格区域的平均值。本例使用 AVERAGEIFS 函数来计算 85 分以上男生的平均成绩，下面详细介绍其操作步骤。

<< 扫码获取配套视频课程。

第 1 步 打开素材文件"成绩表 1.xlsx"，选择 E2 单元格，在编辑栏中输入公式"=AVERAGEIFS(C2:C11, $B$2:$B$11,"男", $C$2:$C$11,">85")"，如图 3-11 所示。

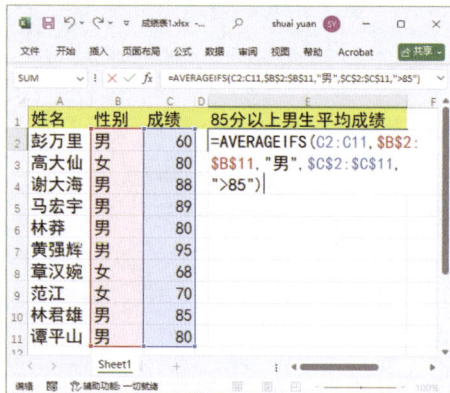

图 3-11

第 2 步 按 Enter 键，即可计算出 85 分以上男生平均成绩，如图 3-12 所示。

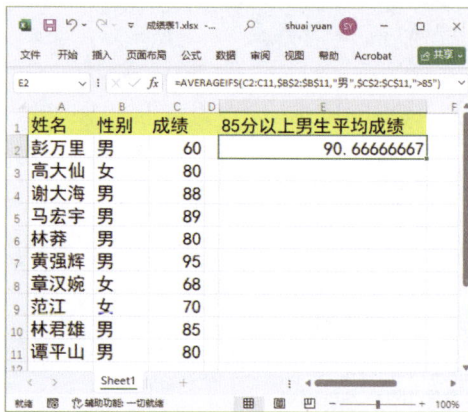

图 3-12

3.2.4 早做完秘籍——计算月平均出库数量

在 Excel 中，可以使用各种公式和函数来简化工作流程，特别是在出入库存的管理中。要计算月平均出库数量，可以使用 AVERAGEIF 函数，下面详细介绍其操作步骤。

<< 扫码获取配套视频课程。

第 1 步 打开素材文件"出入库.xlsx"，选择 E2 单元格，在编辑栏中输入公式"=AVERAGEIF(B2:B7,"出库",C2: C7)"，如图 3-13 所示。

第 2 步 按 Enter 键，即可计算出月平均出库数量，如图 3-14 所示。

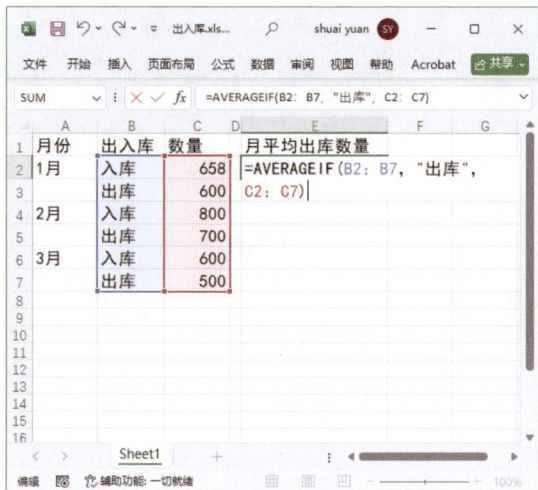

图 3-13

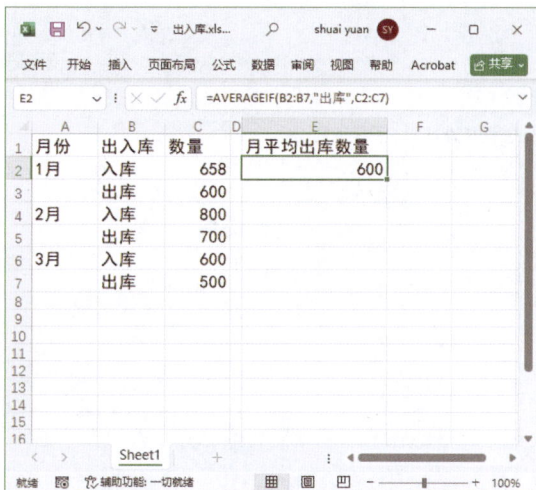

图 3-14

3.3 统计符合条件的单元格数量

随着信息化时代的到来，越来越多的数据信息被存放在数据库中。灵活运用统计函数，对存储在数据库中的数据信息进行分类统计显得尤为重要。

3.3.1 用 COUNTIF 函数统计满足条件的单元格数量

COUNTIF 函数用于对区域中满足单个指定条件的单元格进行计数，也可以对大于或小于某一指定数字的所有单元格进行计数。本例详细介绍使用 COUNTIF 函数统计分数小于 60 分的不及格学生人数的方法。

<< 扫码获取配套视频课程

第 1 步 打开素材文件"数学成绩 .xlsx"，选择 C5 单元格，在编辑栏中，输入公式"=COUNTIF(B2:B8,"<60")"，如图 3-15 所示。

第 2 步 按 Enter 键，系统将自动在 C5 单元格中统计出数学成绩不及格学生的人数，如图 3-16 所示。

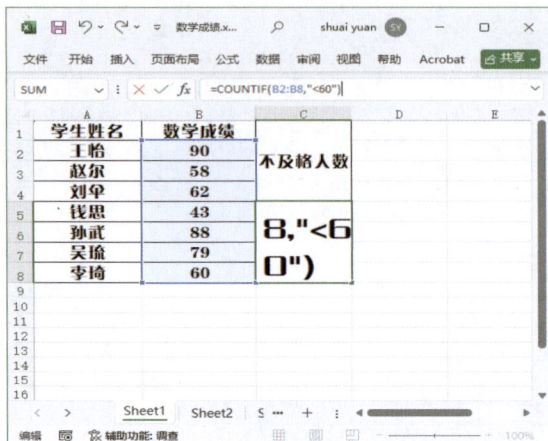

图 3-15

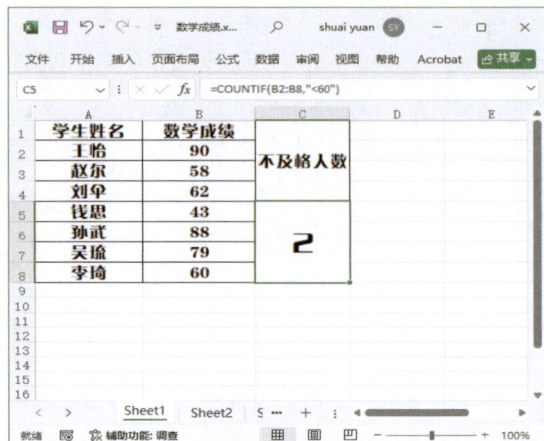

图 3-16

COUNTIF 函数的语法结构如下：

COUNTIF(range,criteria)

COUNTIF 函数语法包括以下参数。

➤ range(必需)：表示要对其进行计数的一个或多个单元格，其中包括数字或名称、数组或包含数字的引用。

➤ criteria(必需)：表示用于定义将对哪些单元格进行计数的数字、表达式、单元格引用或文本字符串。例如，条件可以表示为 28、">32"、B4、" 苹果 " "32"。

知识拓展 ■■□□

使用 COUNTIF 函数统计数据时，可以在条件中使用通配符、问号 (?) 和星号 (*)。问号匹配任意单个字符；星号匹配任意一串字符。如果要查找实际的问号或星号，请在该字符前输入波形符 (~)。

3.3.2 使用 COUNTIFS 函数按多条件统计单元格个数

COUNTIFS 函数用于将条件应用于跨多个区域的单元格，并计算符合所有条件的次数。本例以成绩 85 分以上即为"优秀"为基础，使用 COUNTIFS 函数，可以快速地将 A 班成绩优秀的学生人数统计出来。

<< 扫码获取配套视频课程。

第1步 打开素材文件"语文成绩.xlsx"，选择 D6 单元格，在编辑栏中输入公式"=COUNTIFS(B2:B8,">85",C2:C8,"A 班 ")"，如图 3-17 所示。

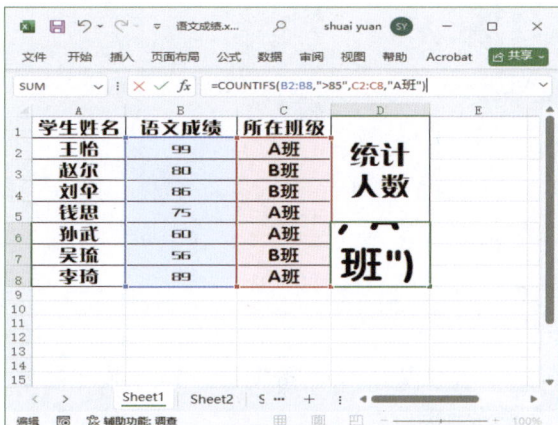

第2步 按 Enter 键，系统会自动在 D6 单元格中统计出 A 班语文成绩优秀学生的人数，如图 3-18 所示。

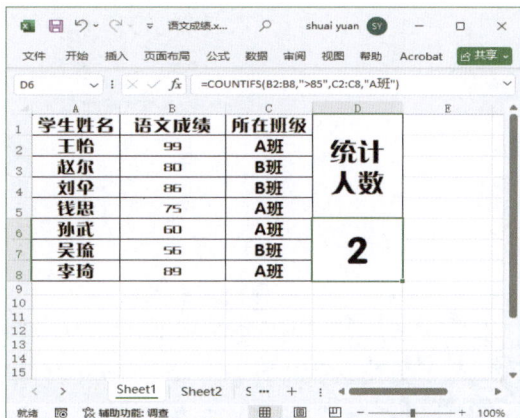

图 3-17

图 3-18

COUNTIFS 函数的语法结构如下：

COUNTIFS(criteria_range1, criteria1, [criteria_range2,criteria2]…)

COUNTIFS 函数语法包括如下参数。

➤ criteria-range1(必需)：表示第一个要计算关联条件的区域。

➤ criteria1(必需)：表示条件的形式，可以是数字、表达式、单元格引用或文本，用于定义将对哪些单元格进行计数。例如，条件可以表示为 28、">32"、B4、"苹果"或"32"。

➤ criteria_range2, criteria2,...(可选)：表示附加的区域及其关联条件。最多允许 127 个区域 / 条件对。

3.3.3 早做完秘籍——统计销售额超过 5 万元的人数

COUNTIF 函数用于计算满足给定条件的数据个数。使用 COUNTIF 函数可以轻松地统计销售额超过 5 万元的人数，下面详细介绍其操作步骤。

<< 扫码获取配套视频课程。

打开素材文件"销售额.xlsx"选择 D2 单元格，输入公式"=COUNTIF(C2:C10,">50000")"，按 Enter 键，即可统计出销售额超过 5 万元的人数，如图 3-19 所示。

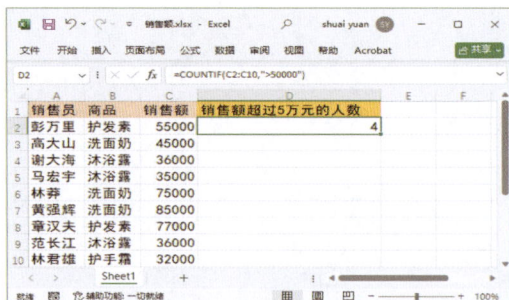

图 3-19

3.3.4 早做完秘籍——统计指定商品销售额超过 5 万元的人数

COUNTIFS 函数用于计算多个区域中满足所有给定条件的单元格的数量。使用 COUNTIFS 函数可以轻松地统计指定商品销售额超过 5 万元的人数，下面详细介绍其操作步骤。

＜＜ 扫码获取配套视频课程。

打开素材文件"销售额 1.xlsx"选择 D2 单元格，输入公式"=COUNTIFS(B2:B10, " 洗面奶 ",C2:C10,">50000")"，按 Enter 键，即可统计出洗面奶销售额超过 5 万元的人数，如图 3-20 所示。

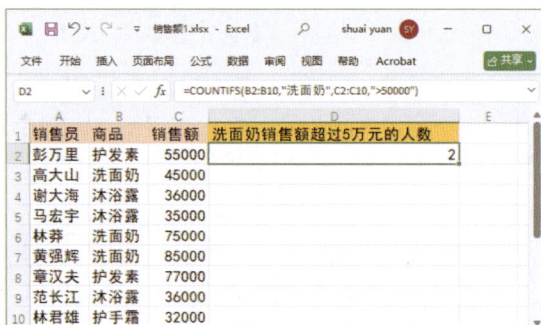

图 3-20

3.4 舍入计算

在处理数值时，如果需要将数字舍入到最接近的整数，或者舍入为10的倍数以简化计算，可以使用 Excel 提供的舍入函数。本节将介绍一些常用的舍入函数及其应用案例。

3.4.1　了解舍入函数

在数值处理中，经常需要将数值进位或舍去的情况，例如，将某个数值去掉小数部分，或者将某值按四舍五入保留两位小数等。Excel 提供了一些常用的舍入函数，以便于用户处理此类问题，如表 3-1 所示。

表 3-1　常用的舍入函数

函　　数	功　　能
INT	将数字向下舍入到最接近的整数
ROUND	将数字按指定位数舍入
TRUNC	将数字截尾取整
MROUND	返回一个舍入到所需倍数的数字
ROUNDUP	将数值向远离零的方向舍入，即向上舍入
ROUNDDOWN	将数值朝零的方向舍入，即向下舍入
CEILNG 或 CEILNG.PRECISE	将数字向上舍入为最接近的整数，或者接近的指定基数的整数倍数，CEILNG.PRECISE 为 Excel 2010 新增函数，忽略第二参数的符号
FLOOR 或 FLOOR.PRECISE	将数字向下舍入为最接近的整数，或者接近的指定基数的整数倍数，FLOOR.PRECISE 为 Excel 2010 新增函数，忽略第二参数的符号
EVEN	将数字向上舍入到最接近的偶数
ODD	将数字向上舍入到最接近的奇数

3.4.2　使用 ROUND 函数对数值四舍五入

ROUND 函数用于将数值按照指定的位数进行四舍五入。以下将详细介绍 ROUND 函数的语法结构以及如何使用该函数对数字进行舍入。

ROUND 函数的语法结构如下：

```
ROUND(number, num_digits)
```

ROUND 函数语法包括以下参数。

➤ number(必需)：表示要四舍五入的数字。

➤ num_digits：(必需)：表示要进行四舍五入的位数，根据这个位数对 number 参数进行四舍五入。

本例中，我们将使用 ROUND 函数将总销售额四舍五入到两位小数。下面详细介绍其操作步骤。

第1步 打开本例的素材文件"ROUND 函数 .xlsx"，选中 D2 单元格，在编辑栏中输入公式"=ROUND(B2*C2,2)"，然后按下键盘上的 Enter 键，系统会以两位小数的形式返回总销售额，如图 3-21 所示。

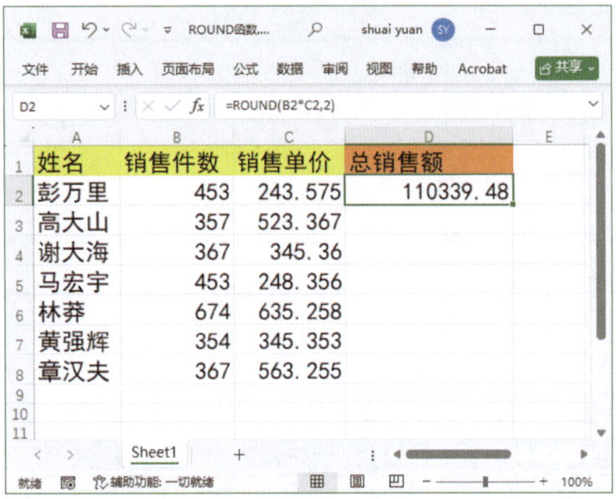

第2步 将鼠标指针移动到 D2 单元格的右下角，当鼠标指针变成"十"字形状后，按住鼠标左键并向下拖动进行公式填充，即可计算出其他人员的总销售额，并保持两位小数的格式，如图 3-22 所示。

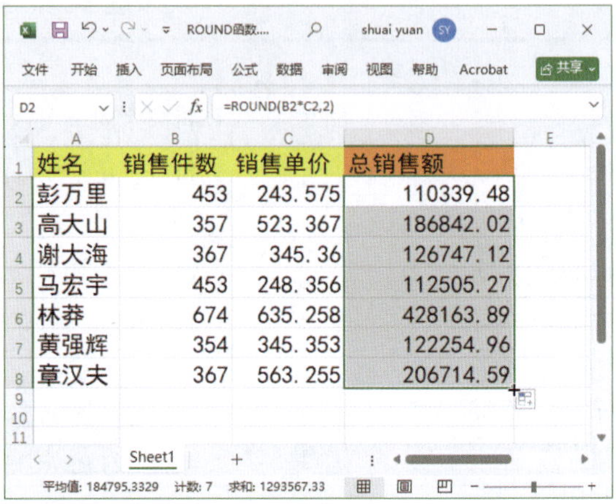

图 3-21

图 3-22

3.4.3 使用 ROUNDUP 函数对数值进行向上舍入

ROUNDUP 函数用于将数值按照指定的位数进行向上舍入。本例使用 ROUNDUP 函数将收入金额向上舍入到一位小数，以下详细介绍其操作步骤。

<< 扫码获取配套视频课程。

第1步 打开素材文件"ROUNDUP 函数 .xlsx"，选择 D2 单元格，输入公式"=ROUNDUP(C2,1)"，按 Enter 键，即可将收入金额向上舍入到 1 位小数，如图 3-23 所示。

第2步 向下填充公式至其他单元格，即可将其他项目收入金额向上舍入到 1 位小数，如图 3-24 所示。

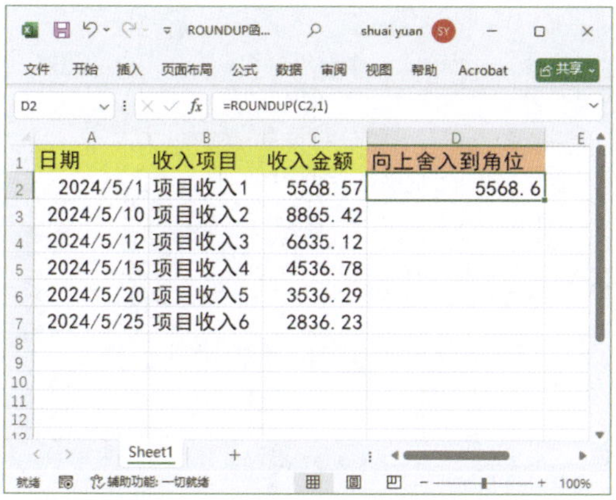

图 3-23

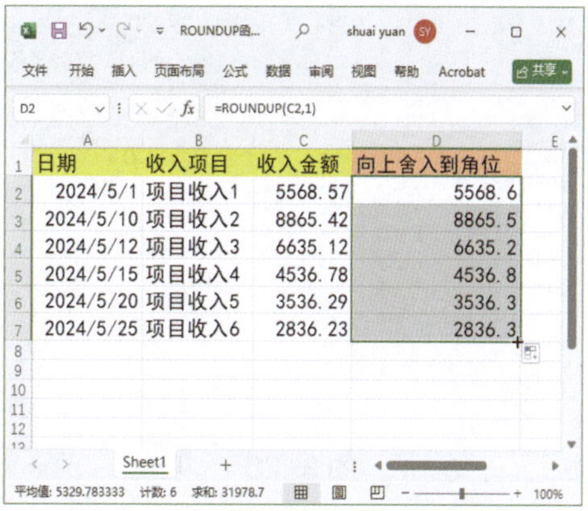

图 3-24

ROUNDUP 函数的语法结构如下：

ROUNDUP(number, num_digits)

ROUNDUP 函数语法包括以下参数。

➤ number（必需）：表示需要向上舍入的任意实数。

➤ num_digits（必需）：表示四舍五入后的数字的位数。

知识拓展

ROUNDUP 函数和 ROUND 函数的功能相似，不同之处在于 ROUNDUP 函数总是向上舍入数字。如果 num_digits 大于 0，则向上舍入到指定的小数位；如果 num_digits 等于 0，则向上舍入到最接近的整数；如果 num_digits 小于 0，则在小数点左侧向上进行舍入。

3.4.4 使用 ROUNDDOWN 函数对数值进行向下舍入

ROUNDDOWN 函数用于将数值按照指定的位数向下舍入。本例使用 ROUNDDOWN 函数将支出金额向下舍入到整数，下面详细介绍其操作步骤。

<< 扫码获取配套视频课程。

第1步 打开素材文件"ROUNDDOWN 函数 .xlsx"，选择 D2 单元格，输入公式"=ROUNDDOWN(C2,0)"，按 Enter 键，即可将支出金额向下舍入到整数，如图 3-25 所示。

第2步 向下填充公式至其他单元格，即可将其他项目支出金额向下舍入到整数，如图 3-26 所示。

图 3-25

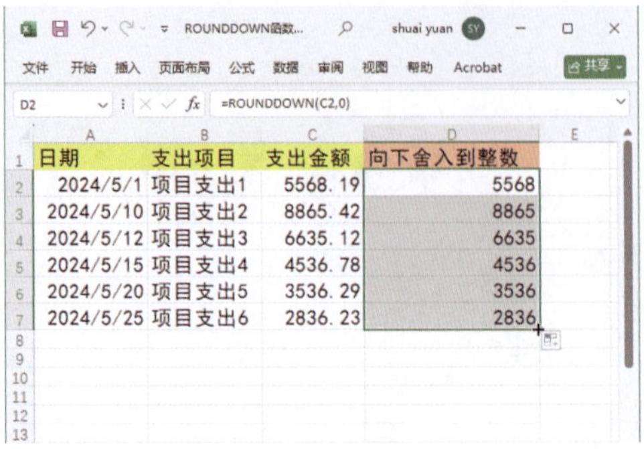

图 3-26

ROUNDDOWN 函数的语法结构如下：

ROUNDDOWN(number,num_digits)

ROUNDDOWN 函数语法包括以下参数。

➤ number(必需)：表示要向下舍入的数字，可以是直接输入的数值或单元格引用。

➤ num_digits(必需)：表示要进行四舍五入的位数。分为三种情况：如果 num_digits 大于 0，则向下舍入到指定的小数位；如果 num_digits 等于 0，则向下舍入到最接近的整数；如果 num_digits 小于 0，则在小数点左侧向下舍入。

知识拓展 ■ ■ ■

ROUNDDOWN 函数和 ROUND 函数的功能相似，不同之处在于 ROUNDDOWN 函数总是向下舍入数字。如果 num_digits 大于 0，则向下舍入到指定的小数位；如果 num_digits 等于 0，则向下舍入到最接近的整数；如果 num_digits 小于 0，则在小数点左侧向下进行舍入。

3.4.5 使用 INT 函数对平均销量取整

INT 函数用于将指定数值向下取整为最接近的整数。本例使用 INT 函数对平均销量取整，下面详细介绍其操作步骤。

<< 扫码获取配套视频课程。

第1步 打开素材文件 "INT 函数 .xlsx"，选择 B6 单元格，然后在编辑栏中输入公式 "=INT(AVERAGE(B2:B5))"，如图 3-27 所示。

第2步 按下键盘上的 Enter 键即可对计算出的产品平均销售数量进行取整，如图 3-28 所示。

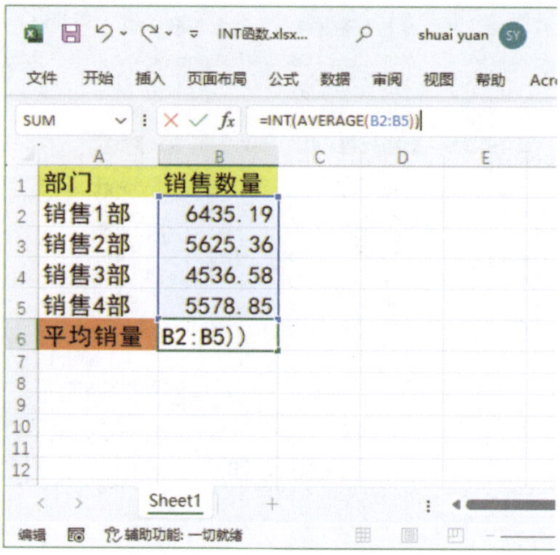

图 3-27

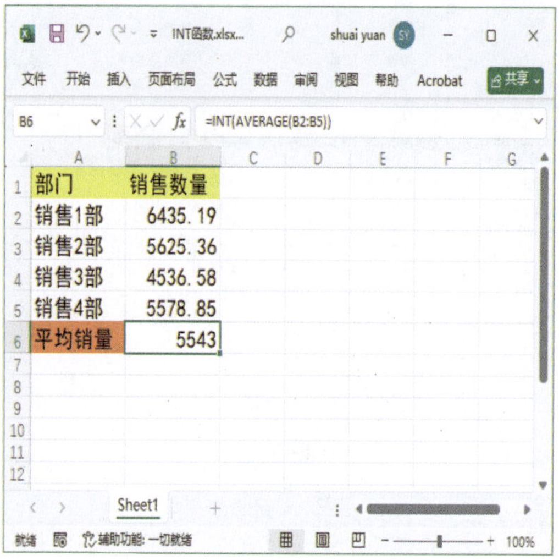

图 3-28

知识拓展

在本例中，首先利用 AVERAGE 函数计算平均销售量，然后再使用 INT 函数进行取整。

INT 函数的语法结构如下：

`INT(number)`

INT 函数语法包括以下参数。

number(必需)：表示需要进行向下舍入取整的实数。

3.4.6 使用 TRUNC 函数将小数部分去掉

TRUNC 函数用于将数字截为整数或保留指定位数的小数。使用 TRUNC 函数可以将销售金额的小数部分去掉，下面详细介绍其操作步骤。

<< 扫码获取配套视频课程

第1步 打开素材文件"TRUNC 函数 .xlsx"，选择 E2 单元格，输入公式 "=TRUNC(D2)"，按 Enter 键即可将销售金额截为整数，如图 3-29 所示。

第2步 向下填充公式至其他单元格，即可将其他商品销售金额截为整数，如图 3-30 所示。

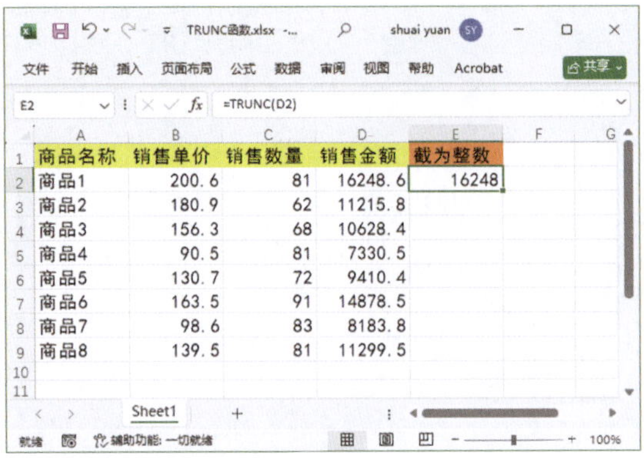

图 3-29

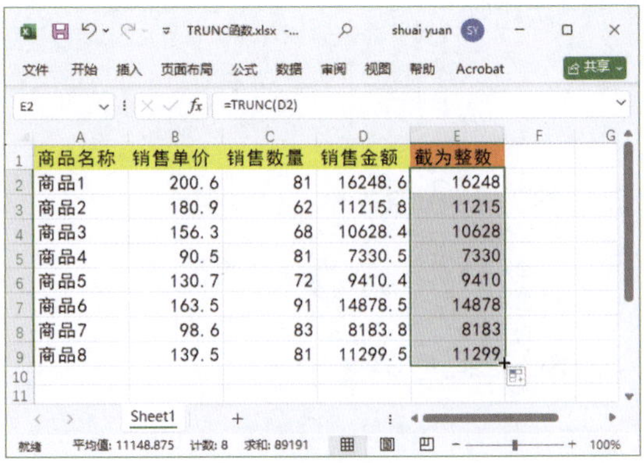

图 3-30

3.4.7 早做完秘籍——计算通话费用

CEILING 函数用于将指定的数值按照条件进行向上舍入计算。例如，在计算长途话费时，以 7 秒为单位，不足 7 秒按 7 秒计算。如果已知通话秒数和计费单价，那么可以使用 CEILING 函数计算出每次通话的费用。CEILING 函数用于将参数 number 向上舍入为最接近的 significance 的倍数。下面具体介绍其操作步骤。

<< 扫码获取配套视频课程。

第1步 打开素材文件"通话费用.xlsx"，选中 D2 单元格，在编辑栏中输入公式"=CEILING(B2/7,1)*C2"。按下键盘上的 Enter 键，即可计算出第一次通话的费用，如图 3-31 所示。

第2步 将鼠标指针移动到 D2 单元格右下角，当鼠标指针变成"十"字形状后，按住鼠标左键并向下拖动进行公式填充，可以快速计算出其他通话时间的通话费用，如图 3-32 所示。

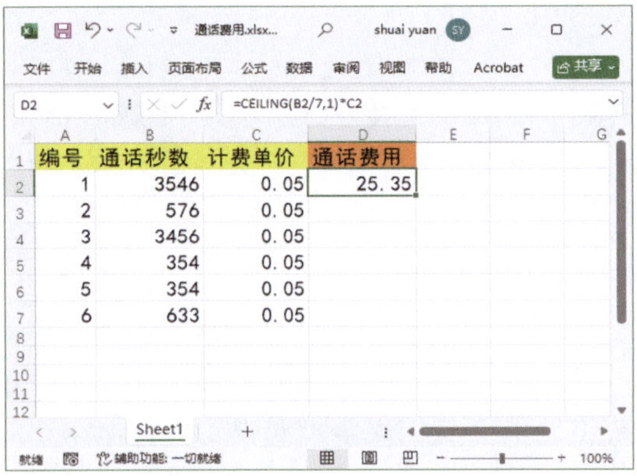

图 3-31

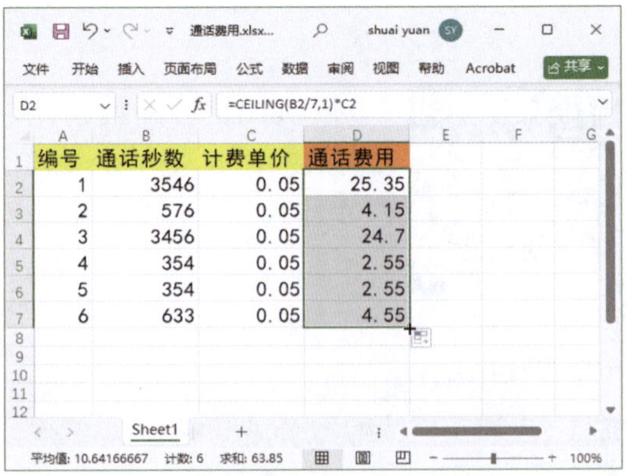

图 3-32

CEILING 函数的语法结构如下：

```
CEILING(number, significance)
```

CEILING 函数语法包括以下参数。

➤ number(必需)：表示要舍入的值。

➤ significance(必需)：表示要舍入到的倍数。

3.4.8 早做完秘籍——计算员工的提成奖金

FLOOR 函数用于将参数向下舍入到最接近的基数的倍数。本例将应用 FLOOR 函数计算员工的提成奖金，提成奖金计算规则为：每超过 3000 元，提成 200 元，剩余金额小于 3000 元时忽略不计，下面详细介绍其操作步骤。

<< 扫码获取配套视频课程。

第 1 步 打开素材文件"提成奖金 .xlsx"，选中 C2 单元格，在编辑栏中输入公式："=FLOOR(B2,3000)/3000*200"。按下键盘上的 Enter 键，即可根据 B2 单元格中的销售额计算出该员工的提成奖金，如图 3-33 所示。

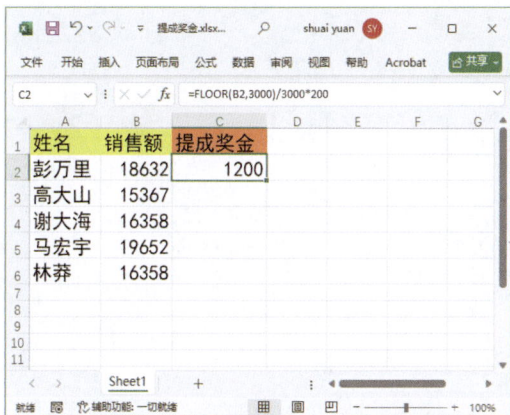

图 3-33

第 2 步 将鼠标指针移动到 C2 单元格右下角，当鼠标指针变成"十"字形状后，按住鼠标左键并向下拖动进行公式填充，即可计算出其他员工的提成奖金，如图 3-34 所示。

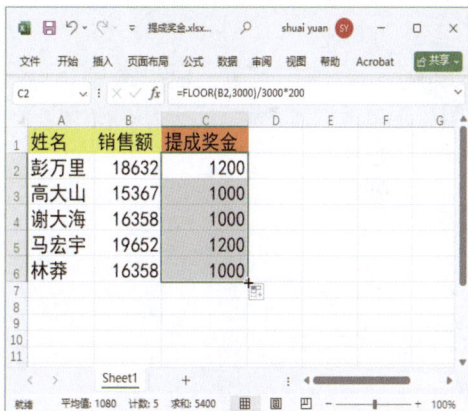

图 3-34

FLOOR 函数的语法结构如下：

```
FLOOR(number, significance)
```

FLOOR 函数语法包括以下参数。

➤ number(必需)：表示要舍入的数值。

➤ significance(必需)：表示要舍入到的倍数。

![知识拓展] ■ ■ ■

本例中，通过 FLOOR 函数将每个销售员的销售额以 3000 为基数，向下舍入，不足 3000 的尾数都被舍弃，再用转换后的销售额计算提成金额。

3.5 常见的数据学运算应用

数学函数主要应用于数学计算中，本节将列举一些在数学函数中进行常规计算的应用案例，并对其进行详细的讲解。

3.5.1 计算数字的绝对值

ABS 函数用于返回数字的绝对值，整数和 0 返回数字本身，负数返回数字的相反数，绝对值没有符号。本例将应用 ABS 函数计算两个地方的温度之差，以下具体介绍其操作步骤。

<< 扫码获取配套视频课程。

第1步 打开素材文件 "ABS 函数 .xlsx"，选择 D2 单元格，在编辑栏中输入公式 "=ABS (C2-B2)"，如图 3-35 所示。

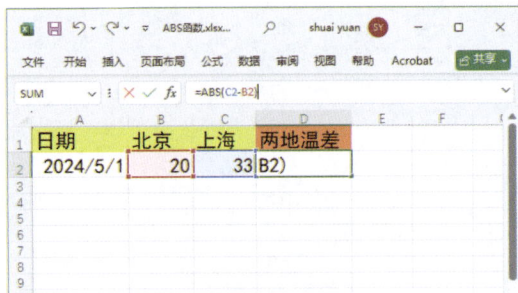

第2步 按 Enter 键，即可计算出两地的温差，如图 3-36 所示。

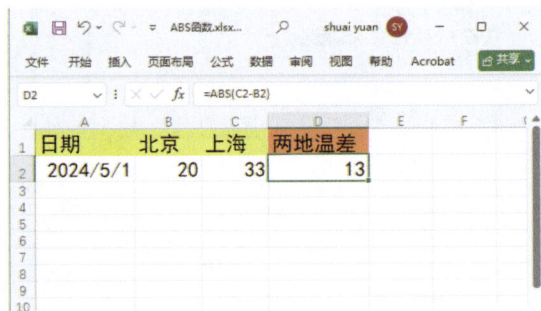

图 3-35

图 3-36

ABS 函数的语法结构如下：

`ABS(number)`

ABS 函数语法参数说明如下：

number(必需)：表示要计算绝对值的数值。

3.5.2 求两个数值相除后的余数

MOD 函数用于返回两个数值相除后的余数，其结果的正负号与除数相同。本例在已知商品数量，且需要平均分配给提货商家的前提下，使用 MOD 函数可以快速地进行库存结余计算，以下详细介绍其操作步骤。

<< 扫码获取配套视频课程。

第1步 打开素材文件"MOD 函数 .xlsx"，选择 D2 单元格，在编辑栏中输入公式"=MOD(B2,C2)"，按 Enter 键，系统会自动在 D2 单元格内计算出该商品的库存结余，如图 3-37 所示。

第2步 向下拖动填充公式至其他单元格，即可完成计算库存结余的操作，如图 3-38 所示。

图 3-37

图 3-38

MOD 函数的语法结构如下：

```
MOD(number, divisor)
```

MOD 函数语法包括下列参数。

➤ number(必需)：表示被除数。

➤ divisor(必需)：表示除数，并且不能为 0。

📚 知识拓展

在 MOD 函数中，如果参数 divisor 为 0，MOD 函数将返回错误值"#DIV/0！"。MOD 函数可以借用函数 INT 来表示：MOD(n, d)=n-d*INT(n/d)。

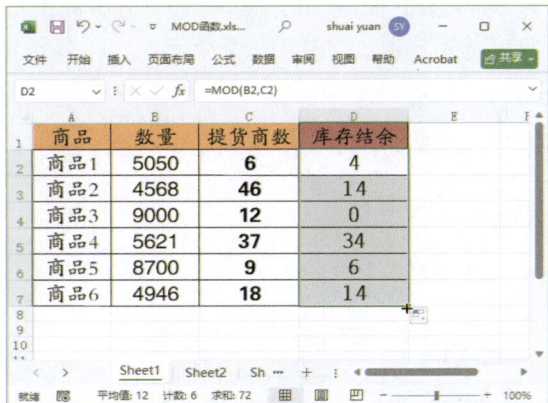

3.5.3 计算指定的多个数值的乘积值

PRODUCT 函数用于计算所有参数的乘积。本例利用 PRODUCT 函数快速计算商品打折后的销售额，下面详细介绍其操作步骤。

<< 扫码获取配套视频课程。

第1步 打开素材文件 "PRODUCT 函数 .xlsx"，选择 E2 单元格，在编辑栏中输入公式 "=PRODUCT(B2,C2,(D2)*0.1)"，按 Enter 键，系统会自动在 E2 单元格内计算出该商品打折后的销售额，如图 3-39 所示。

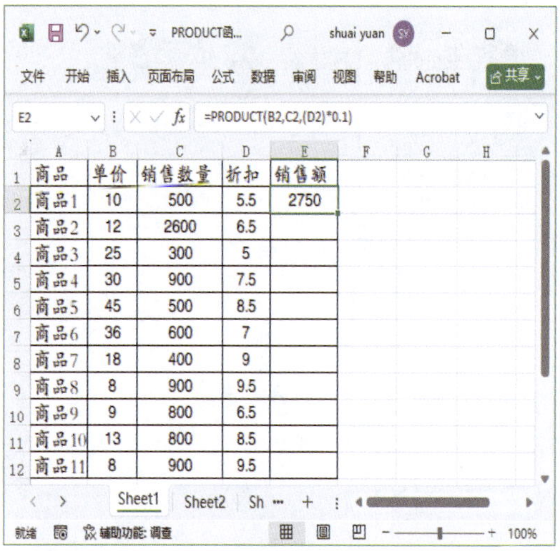

第2步 将鼠标指针移动到 E2 单元格右下角，当鼠标指针变成 "十" 字形状后，按照鼠标左键并向下拖动填充公式至其他单元格，即可完成商品打折销售统计的操作，如图 3-40 所示。

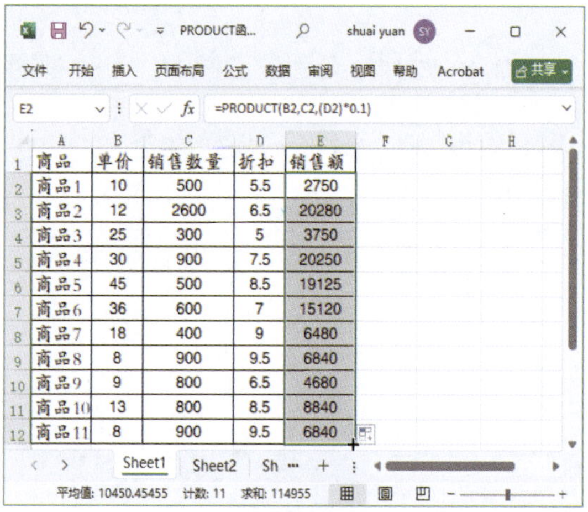

图 3-39

图 3-40

PRODUCT 函数的语法结构如下：

```
PRODUCT(number1,number2,...)
```

PRODUCT 函数语法包括如下参数。

➤ number1（必需）：表示要求积的第 1 个数字，可以是直接输入的数字、单元格引用或数组。

➤ number2, …（可选）：表示要求积的第 2 ~ 255 个数字，可以是直接输入的数字、单元格引用或数组。

3.5.4 随机获取彩票号码

RAND 函数用于返回大于等于 0 及小于 1 的均匀分布随机实数，每次计算工作表时都将返回一个新的随机实数。本例利用 RAND 函数自动生成彩票开奖号码。下面详细介绍其操作步骤。

≪ 扫码获取配套视频课程。

第 1 步 打开素材文件 "RAND 函数 .xlsx"，选择 D3 单元格，在编辑栏中输入公式 "=INT(RAND()*($B$3−$A$3)+$A$3)"，按 Enter 键，即可计算出第一位号码，如图 3-41 所示。

第 2 步 向右拖动填充公式至其他单元格，即可快速计算出全部彩票号码，可以看到每次将会得到另一组随机的彩票号码，如图 3-42 所示。

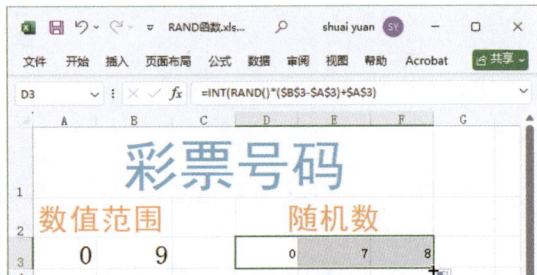

图 3-41

图 3-42

RAND 函数的语法结构如下：

RAND()

RAND 函数语法没有参数。

知识拓展

每次按键盘上的 F9 键，将会得到另一个随机的彩票号码，这样即可使用 RAND 函数方便地随机创建彩票号码。

3.5.5 自动随机生成三位数编码

RANDBETWEEN 函数与 RAND 函数同样是随机函数，但 RANDBETWEEN 函数可以指定某个范围，并在范围内随机返回数据，本例详细介绍使用 RANDBETWEEN 函数随机抽取中奖号码的操作方法。

选择 C2 单元格，在编辑栏中输入公式"=RANDBETWEEN(B2,B6)"，并按下键盘上的 Enter 键。在 C2 单元格中，系统会随机返回一个在 B2~B6 的数值，通过以上方法，即可完成随机抽取中奖号码的操作，如图 3-43 所示。

图 3-43

RANDBETWEEN 函数的语法结构如下：

RANDBETWEEN(bottom, top)

RANDBETWEEN 函数语法包括以下参数。

➢ bottom：（必需）：表示函数 RANDBETWEEN 将返回的最小整数。
➢ top：（必需）：表示函数 RANDBETWEEN 将返回的最大整数。

3.5.6　计算所有参数的平方和

SUMSQ 函数用于返回参数的平方和。本例使用 SUMSQ 函数计算指定数值的平方和。下面详细介绍其操作步骤。

<< 扫码获取配套视频课程。

第1步 打开素材文件"SUMSQ 函数.xlsx"，选择 D2 单元格，在编辑栏中输入公式"=SUMSQ(A2,B2)"，按 Enter 键，即可计算出数值"1"和"2"的平方和，如图 3-44 所示。

第2步 选择 D3 单元格，在编辑栏中输入公式"=SUMSQ(A3,B3,C3)"，按 Enter 键，即可计算出指定数值的平方和，如图 3-45 所示。

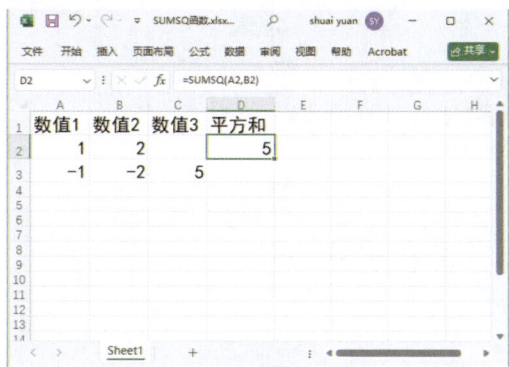

图 3-44

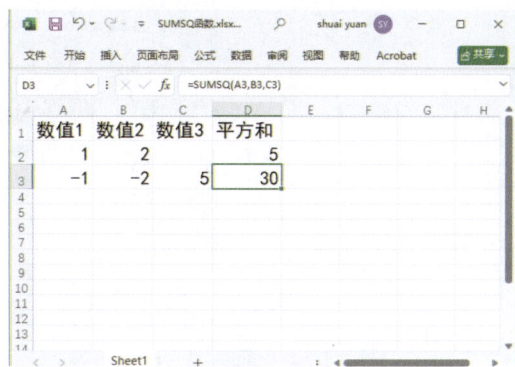

图 3-45

SUMSQ 函数的语法结构如下：

```
SUMSQ(number1, [number2], ...)
```

SUMSQ 函数语法包括以下参数。

➤ number1(必选)：表示要求平方和的第 1 个数字，可以是直接输入的数字、单元格引用或数组。

➤ number2, …(可选)：表示要求平方和的第 2 ～ 255 个数字，可以是直接输入的数字、单元格引用或数组。例如，以下两个公式的结果完全相同，都将计算单元格 A1、B1 和 C1 中值的平方和：=SUMSQ(A1, B1, C1) 或者 =SUMSQ(A1:C1)。

3.5.7 求两个数组中对应数值之差的平方和

SUMXMY2 函数用于计算两个数组中对应数字之差的平方和。本例使用 SUMXMY2 函数计算两个数组对应数值之差的平方和。下面详细介绍其操作步骤。

<< 扫码获取配套视频课程。

打开素材文件"SUMXMY2 函数 .xlsx"，选择 D2 单元格，在编辑栏中输入公式"=SUMXMY2(A2:A5, B2:B5)"，按 Enter 键，即可计算两个数组对应数值之差的平方和，如图 3-46 所示。

SUMXMY2 函数的语法结构如下：

```
SUMXMY2(array_x, array_y)
```

SUMXMY2 函数语法包括以下参数。

➤ array_x(必需)：表示第 1 个数值区域。

➤ array_y(必需)：表示第 2 个数值区域。

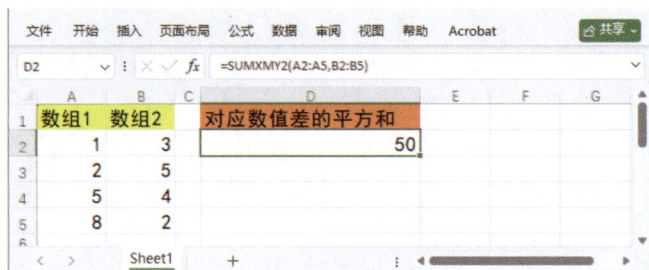

图 3-46

3.6 AI 办公——使用 WPS AI 计算男生平均成绩

利用 WPS AI 的智能功能可以快速生成统计函数的公式，从而高效完成表格数据统计。本例为一个学生成绩表，表格中有男生、女生的成绩数据，下面详细介绍使用 WPS AI 计算男生的平均成绩的具体操作步骤。

<< 扫码获取配套视频课程。

第1步 启动 WPS Office 软件，打开素材文件"成绩表.xlsx"，选择 E2 单元格，单击【WPS AI】菜单，选择【AI 写公式】菜单项，如图 3-47 所示。

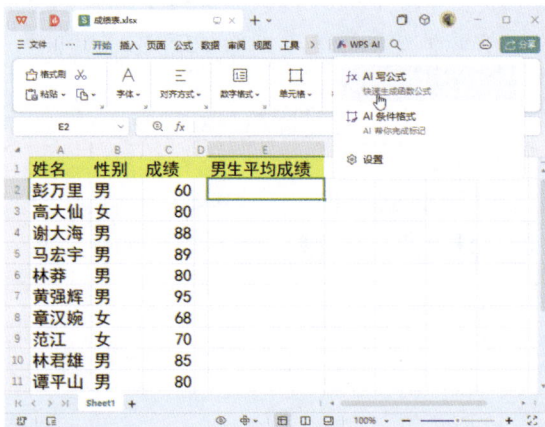

第2步 系统将弹出一个指令输入框，在其中输入指令"计算表格中男生平均成绩"，按 Enter 键，如图 3-48 所示。

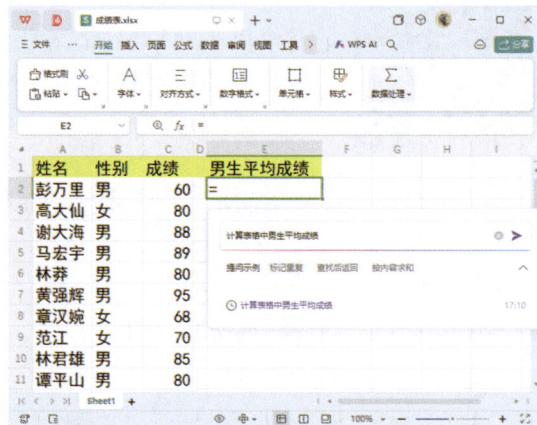

图 3-47

图 3-48

第 3 步 系统正在解析指令，用户需要在线等待一段时间，如图 3-49 所示。

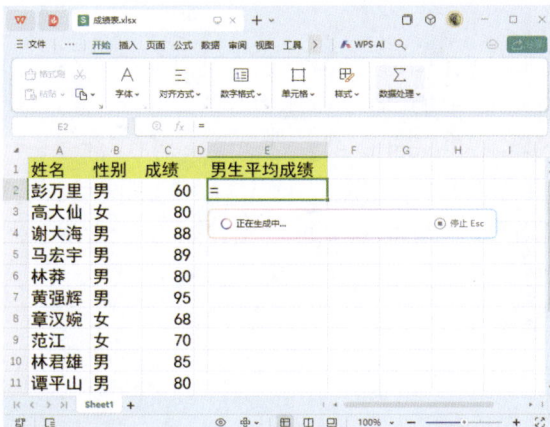

图 3-49

第 5 步 将鼠标指针移动到 E2 单元格的右下角，当鼠标指针变成"十"字形状时，向下拖动填充公式即可完成男生平均成绩的计算，如图 3-51 所示。

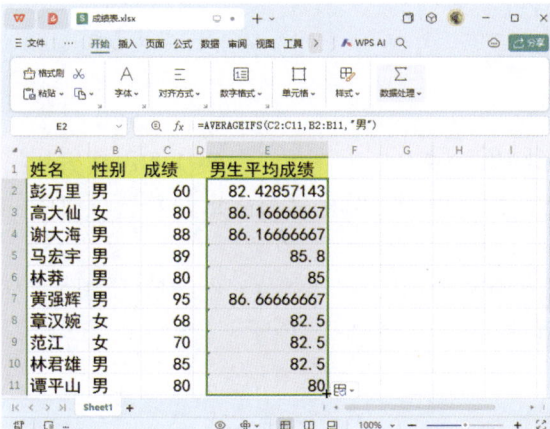

图 3-51

第 4 步 在指令输入框中会显示出公式结果，用户可以检查该公式是不是自己想要的。确认无误后，单击【完成】按钮，如图 3-50 所示。

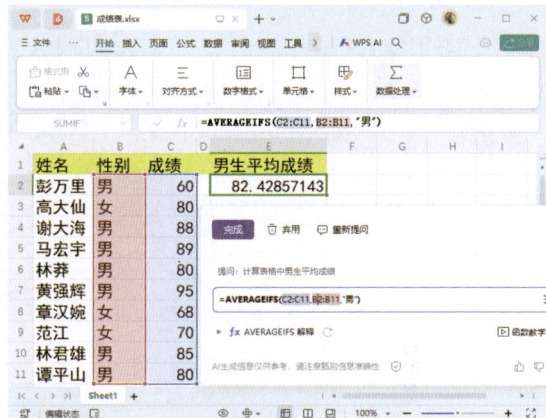

图 3-50

第 6 步 WPS AI 显示公式结果后，用户还可以单击【对公式的解释】折叠按钮▾，展开查看【公式意义】、【函数解释】以及【参数解释】等详细信息，如图 3-52 所示。

图 3-52

3.7 不加班问答实录

3.7.1 如何开启公式记忆式键入

在编辑 Excel 工作表时，如果公式输入到一半时忘记函数怎么写了，可以使用"公式记忆式键入"功能来快速完成工作表的编辑，下面具体介绍其操作方法。

在菜单栏中依次单击【文件】→【选项】，弹出【Excel 选项】对话框。

在【Excel 选项】对话框的左侧窗格中选择【公式】选项，在右侧窗口中的【使用公式】区域，勾选【公式记忆式键入】复选框。单击【确定】按钮即可完成设置，如图 3-53 所示。

图 3-53

3.7.2 如何审核公式

在大型工作表中审核公式是一项非常困难的操作，下面具体介绍一种快捷的审核方法。

打开准备审核公式的 Excel 表格，选择【公式】选项卡，单击【公式审核】选项组中的【错误检查】按钮，如图 3-54 所示。

如果工作表中有错误的公式，将打开【错误检查】窗口，显示错误公式的单元格地址及错误原因。如果工作表中没有错误，将显示提示对话框，如图 3-55 所示。

图 3-54

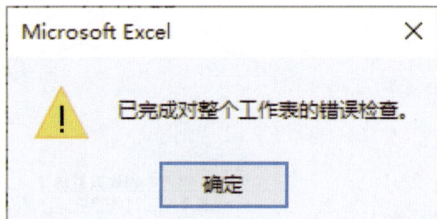

图 3-55

3.7.3 如何快速对指定单元格区域求和

在 Excel 中，使用【自动求和】按钮∑可以快速对指定单元格区域进行求和操作简便快捷。下面详细介绍自动求和的操作方法。

打开素材文件"成绩表 2.xlsx"工作簿，选中你想要进行求和的单元格区域，接着选择【公式】选项卡，在【函数库】组中，单击【自动求和】按钮，如图 3-56 所示。

系统自动将选择的单元格区域向下扩展一格，以显示求和结果，按照上述方法，即可完成自动求和操作，如图 3-57 所示。

图 3-56

图 3-57

3.7.4　如何更改表格中数据的方向

选择需要更改方向的单元格区域。在【开始】选项卡中，单击【方向】下拉按钮，在弹出的列表框中，根据需求选择合适的数据方向。这样就可以轻松更改单元格中数据的方向，如图 3-58 所示。

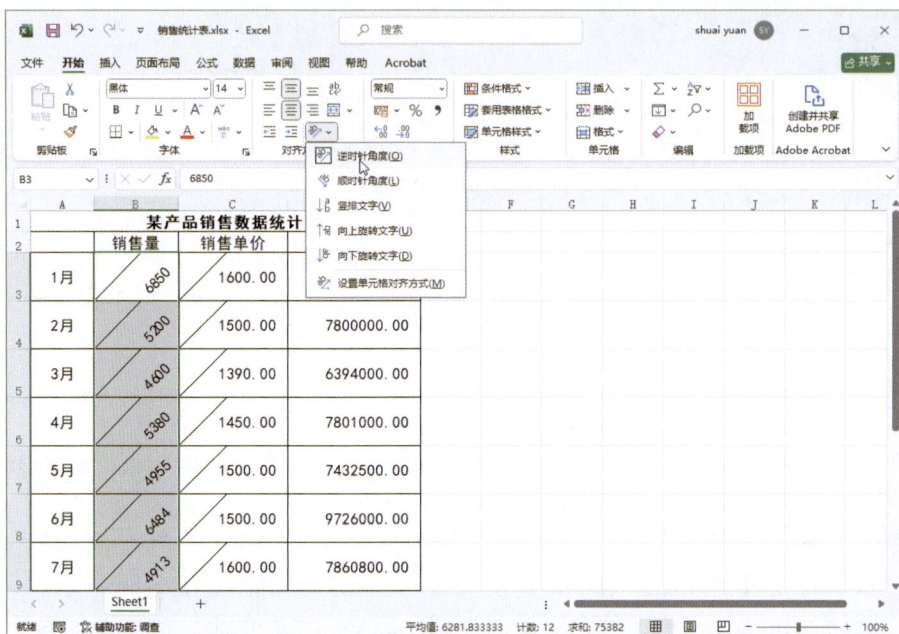

图 3-58

第4章

用手机扫描二维码
获取本章学习素材

文本和信息数据处理

**本章知识
要点**

◎ 合并、比较和查找文本
◎ 提取、替换和转换文本格式
◎ 获取与判断信息
◎ AI办公——使用WPS AI合并员工的姓名和部门
◎ 不加班问答实录

**本章主要
内容**

　　本章主要介绍了文本和信息数据处理的相关知识和技巧。主要内容包括合并、比较和查找文本，提取、替换和转换文本格式，获取与判断信息。最后，还介绍了使用WPS AI合并员工姓名和部门的操作以及解答一些常见的Excel公式问题。

4.1 合并、比较和查找文本

Excel 中的文本函数主要用于对文本进行各种处理，包括对字符串的操作和单元格的直接引用。使用文本函数，用户可以合并、比较和查找文本值。本节将详细介绍文本函数在合并、比较和查找文本方面的相关知识和操作步骤。

4.1.1 合并两个或多个文本字符串

使用 CONCATENATE 函数可以将几个单元格中的字符串合并到一个单元格中。本例将应用 CONCATENATE 函数自动提取当前工作表中的序号，下面详细介绍其操作步骤。

<< 扫码获取配套视频课程。

第1步 打开素材文件"CONCATENATE 函数.xlsx"，选中 E3 单元格，在编辑栏中输入公式"=CONCATENATE(A3,B3,C3)"。然后按下键盘上的 Enter 键，即可合并 A3、B3、C3 单元格的内容，从而提取序号，如图 4-1 所示。

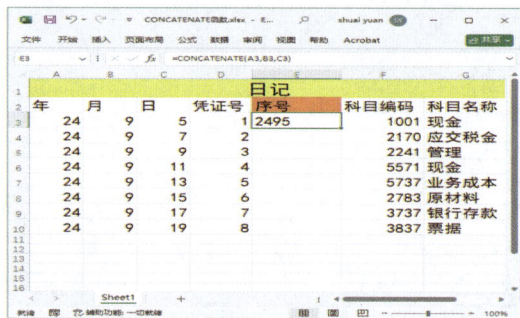

第2步 选中 E3 单元格，向下拖动复制公式，这样即可快速提取其他各项的序号，如图 4-2 所示。

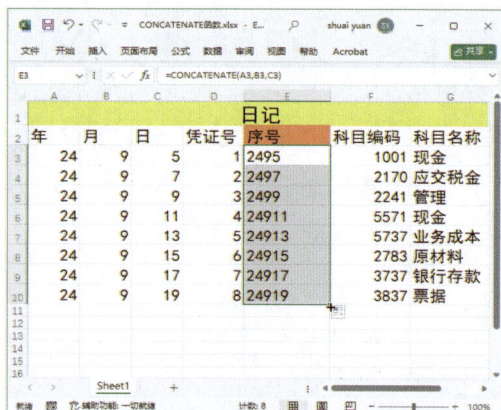

图 4-1

图 4-2

CONCATENATE 函数的语法结构如下：

`CONCATENATE (text1, [text2], ...)`

CONCATENATE 函数语法包括以下参数。

➤ text1：要连接的第一个文本项。

➤ text2, ... ：可选，其他文本项，最多为 255 项。项与项之间必须用逗号隔开。

也可以使用与号 (&) 作为计算运算符来代替 CONCATENATE 函数来连接文本项。

例如：公式"=A1 & B1"与"= CONCATENATE (A1, B1)"返回的值相同。

4.1.2 返回文本字符串的字符数

LEN 函数用于返回文本字符串中的字符数。本例在工作表中添加身份证的位数一项，并使用 LEN 函数快速检查身份证的位数，下面具体介绍其操作步骤。

<< 扫码获取配套视频课程。

第 1 步 打开素材文件"LEN 函数 .xlsx"，选中 C2 单元格，在编辑栏中输入公式"=LEN(B2)"，按 Enter 键，即可计算出该员工的身份证号码的位数是否为 18 位，如图 4-3 所示。

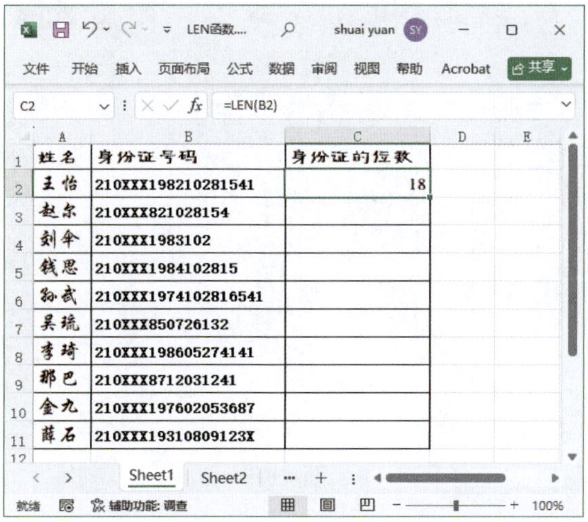

第 2 步 选中 C2 单元格，向下拖动复制公式，这样即可快速检查其他员工的身份证号码的位数是否为 18 位，如图 4-4 所示。

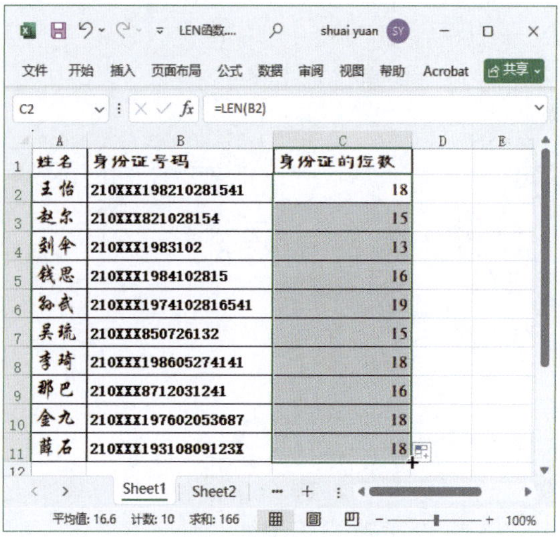

图 4-3

图 4-4

LEN 函数的语法结构如下：

```
LEN (text)
```

LEN 函数语法包括以下参数。

text(必需)：要查找其长度的文本。空格也会作为字符进行计数。

知识拓展

LEN 函数适用于使用单字节字符集 (SBCS) 的语言，无论默认语言设置如何，LEN 函数始终将每个字符（不管是单字节还是双字节）按 1 计数。

4.1.3 比较两个文本字符串是否完全相同

EXACT 函数用于比较两个文本字符串是否完全相同，它能区分大小写但忽略格式上的差异。本例通过 EXACT 函数对录入的数据进行比对，下面详细介绍其操作步骤。

<< 扫码获取配套视频课程。

第1步 打开素材文件"EXACT 函数.xlsx"，选择 C2 单元格，在编辑栏中输入公式"=IF(EXACT(A2,B2)，"可用"，"不可用")"，并按 Enter 键。如果两组邀请码相同，则在 C2 单元格内显示"可用"信息，反之则显示"不可用"信息，如图 4-5 所示。

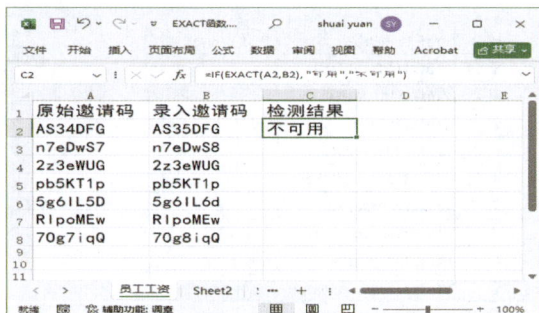

图 4-5

第2步 按住鼠标左键向下拖动填充公式，即可完成比对文本的操作，如图 4-6 所示。

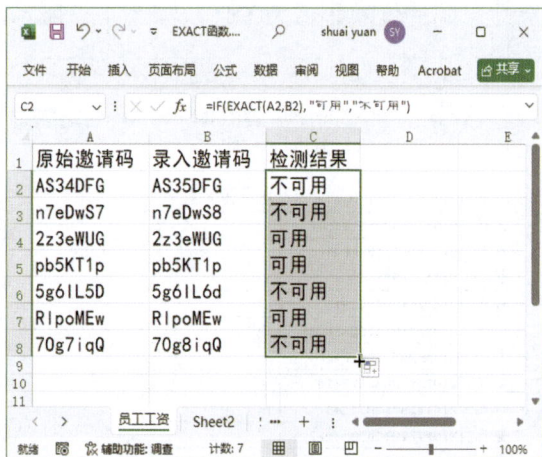

图 4-6

EXACT 函数的语法结构如下：

EXACT(text1, text2)

EXACT 函数语法包括以下参数。

➤ text1(必需)：表示要比较的第一个文本。

➤ text2(必需)：表示要比较的第二个文本。

知识拓展 ■■■

EXACT 函数在对比的时候十分严格，要求两组数据完全相同，包括字母大小写的比较。在对比的过程中，使用了 IF 函数在对比之后返回"可用"和"不可用"的值。如果不使用 IF 函数，则会直接返回 TRUE 或者 FALSE。

4.1.4 删除文本中的多余空格

利用 TRIM 函数可以将单元格中多余的空格删除，只留下单词间的一个空格，下面详细介绍删除多余空格的操作步骤。

<< 扫码获取配套视频课程。

第 1 步 打开素材文件 "TRIM 函数 .xlsx"，选择 C2 单元格，在编辑栏中输入公式 "=TRIM(CLEAN(B2))"，并按 Enter 键，系统在 C2 单元格内显示 B2 单元格中删除多余空格后的数据效果，如图 4-7 所示。

第 2 步 按住鼠标左键向下填充公式，这样即可完成删除多余空格的操作，如图 4-8 所示。

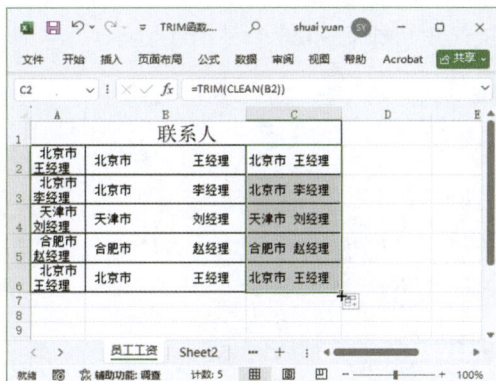

图 4-7

图 4-8

TRIM 函数的语法结构如下：

```
TRIM(text)
```

TRIM 函数语法包括以下参数。

text(必需)：表示要删除多余空格的文本。除了文本以外，该参数还可以是数字、单元格引用以及数组。

📖 知识拓展 ▪▪▪

CLEAN 函数用于删除文本中不能打印的字符。这些不能被打印的字符主要位于 7 位 ASCII 码的前 32 位，即 0 ~ 31。要删除多余的空格，需要使用 TRIM 函数。

4.1.5 查找指定字符在字符串中的位置

FIND 函数用于返回一个字符串出现在另一个字符串中的起始位置。本例中 A 列为联系地址，有的地址比较详细，有的地址不够详细，即不包括具体的门牌号。使用 FIND 函数即可检查联系地址是否详细。下面详细介绍其操作步骤。

<< 扫码获取配套视频课程。

第1步 打开素材文件"FIND 函数 .xlsx"，选择 B2 单元格，在编辑栏中输入公式"=IF(ISERROR(FIND(" 号 ", A2)), " 不详细 ", " 详细 ")"，并按 Enter 键，即可检查第一个地址是否详细，如图 4-9 所示。

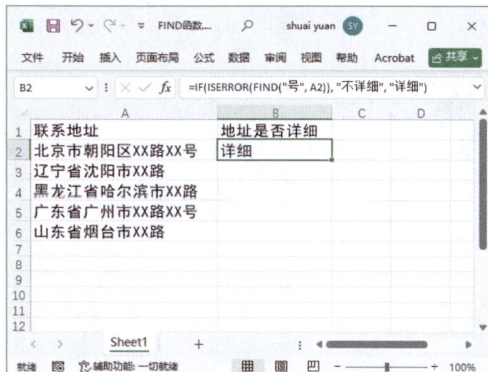

第2步 按住鼠标左键向下填充公式，即可实现对 A 列地址详细程度的判断，如图 4-10 所示。

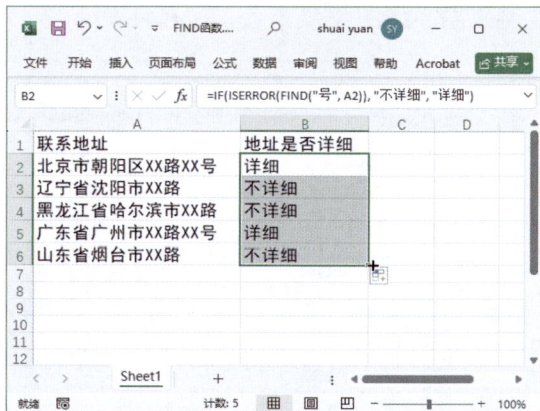

图 4-9

图 4-10

FIND 函数的语法结构如下：

FIND(find_text, within_text, [start_num])

FIND 函数语法包括以下参数。

➤ find_text(必需)：表示要查找的文本。

➤ within_text(必需)：表示要在其中查找的文本。

➤ start_num(可选)：表示要开始查找的起始位置。

🔖 知识拓展 ■■■

判断地址是否详细的条件是，检测地址中是否包含具体的门牌号，即使用 FIND 函数查找"号"。如果找不到则返回错误值，因此 FIND 函数外套 ISERROR 函数，如果 FIND 函数返回错误值，那么 ISERROR(FIND()) 则返回 TRUE，最外层根据 ISERROR 函数的返回值来得到"不详细"或"详细"的不同结果。

4.1.6　查找字符串的起始位置

SEARCH 函数的功能与 FIND 函数类似，都是用于查找某个字符在文本中出现的位置。但是，SEARCH 函数在查找时不区分大小写。本例将使用 SEARCH 函数来对销售图书进行分类上架。下面详细介绍其操作步骤。

<< 扫码获取配套视频课程。

第 1 步 打开本例的素材文件"SEARCH 函数 .xlsx"，选择 B2 单元格，在编辑栏中输入如下公式"=IF(COUNT(SEARCH({"Word"，"Excel"}，A2))=1，"办公软件","操作系统")"，按 Enter 键即可显示第 1 本图书的书名上架建议，如图 4-11 所示。

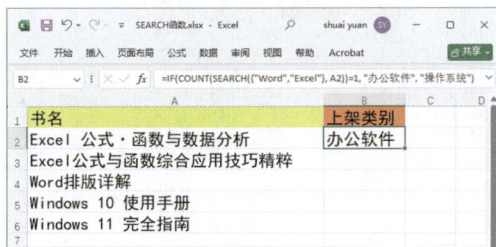

图 4-11

第 2 步 按住鼠标左键向下填充公式，即可显示 A 列中图书的分类上架建议，从而完成销售图书的分类上架，如图 4-12 所示。

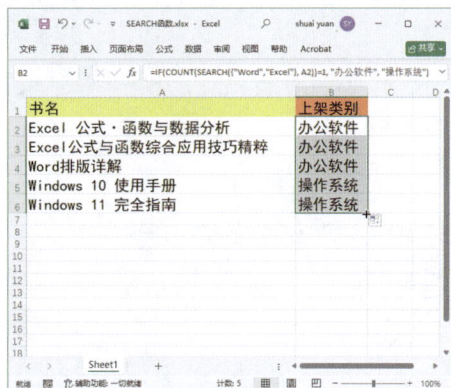

图 4-12

SEARCH 函数的语法结构如下：

SEARCH(find_text, within_text, [start_num])

SEARCH 函数语法包括以下参数。

➢ find_text(必需)：表示要查找的文本。
➢ within_text(必需)：表示要在其中查找的文本。
➢ start_num(可选)：表示要开始查找的起始位置。

📚 知识拓展 ■■■

本例首先使用 SEARCH 函数查找常量数组 {"Word", "Excel"} 是否出现于 A 列单元格中，也就是判断 A 列书名中是否包含 Word 或 Excel。如果存在其中一个，那么 COUNT 函数的计数结果则为 1，否则为 0。将计数结果与 1 做比较，通过 IF 函数判断是否与 1 相等，如果相等则为真，就返回"办公软件"，否则返回"操作系统"，从而实现根据书名判断上架类型的功能。

4.1.7 早做完秘籍——统计员工销量并判断是否达标

本例假设员工1月、2月和3月的总销量大于或等于3000为达标，否则不达标。现在需要统计员工销量并判断是否达标，可以使用 CONCAT 函数和其他函数嵌套，下面详细介绍其操作步骤。

<< 扫码获取配套视频课程。

第1步 打开本例的素材文件"员工销量.xlsx"，选择 B2 单元格，在编辑栏中输入公式"=CONCAT(SUM(B2:D2),": ",IF(SUM(B2:D2)>=3000,"达标","不达标"))"，并按 Enter 键，即可计算出总销量并判断出是否达标，如图 4-13 所示。

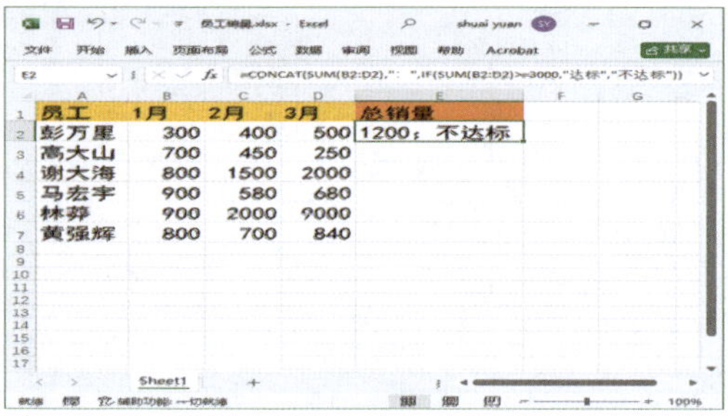

第2步 按住鼠标左键向下填充公式，即可统计所有员工的销量并判断是否达标，如图 4-14 所示。

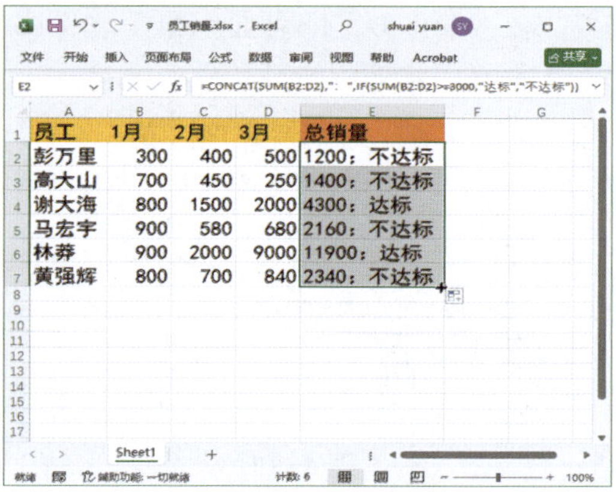

图 4-13

图 4-14

知识拓展 ■■■

　　CONCAT 函数用于连接列表或文本字符串区域。本例公式中利用 SUM 函数计算总销量，使用 IF 函数判断总销量是否达标，最后使用 CONCAT 函数连接总销量、冒号": ""达标"或"不达标"。

4.2 提取、替换和转换文本格式

　　用户可以通过 LEFT 函数、RIGHT 函数和 MID 函数，从字符串中的指定位置提取所需的字符。通过 REPLACE 函数用指定的字符替换文本。通过 UPPER 函数、TEXT 函数、RMB 函数等，可以将文本转换成需要的格式。本节将详细介绍提取、替换和转换文本格式的相关函数知识及应用案例。

4.2.1 按指定字符从左侧提取字符

LEFT 函数用于从字符串的左侧开始提取指定数量的字符。本例将使用 LEFT 函数从产品简介中提取产品名称，下面详细介绍其操作步骤。

<< 扫码获取配套视频课程。

第 1 步 打开本例的素材文件"LEFT 函数 .xlsx"，选择 B2 单元格，在编辑栏中输入公式"=LEFT(A2,3)"，并按 Enter 键，即可显示第一个产品名称，如图 4-15 所示。

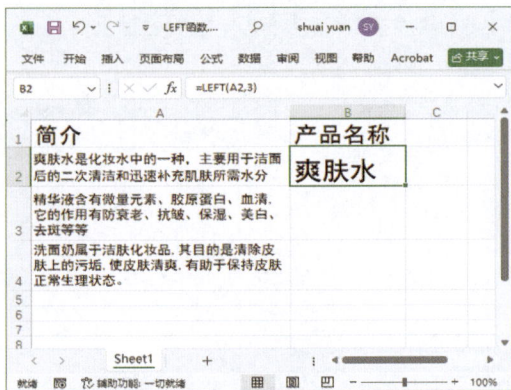

图 4-15

第 2 步 按住鼠标左键向下填充公式，即可完成从产品简介中提取所有产品名称，如图 4-16 所示。

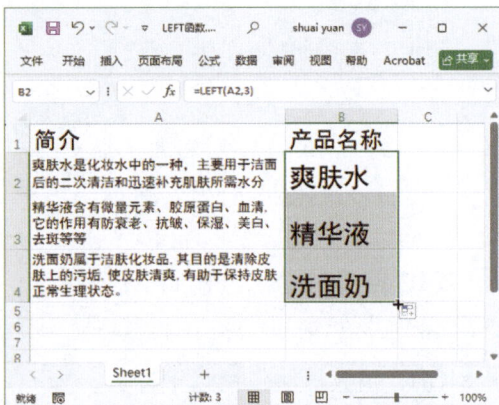

图 4-16

LEFT 函数的语法结构如下：

```
LEFT(text,[num_chars])
```

LEFT 函数语法包括以下参数。

➤ text：要提取字符的字符串。

➤ num_chars：LEFT 提取的字符数，如果忽略则为 1。

4.2.2 按指定字符从右侧提取字符

RIGHT 函数用于从字符串的右侧开始提取指定数量的字符。本例将使用 RIGHT 函数从摘要中提取订单号，下面详细介绍其操作步骤。

<< 扫码获取配套视频课程。

第1步 打开本例的素材文件"RIGHT 函数 .xlsx"，选择 B2 单元格，在编辑栏中输入公式"=RIGHT(A2,5)"，并按 Enter 键，即可从摘要中提取第一个订单号，如图 4-17 所示。

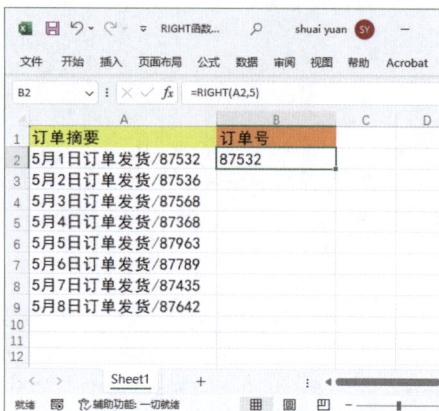

图 4-17

第2步 按住鼠标左键向下填充公式，即可完成从摘要中提取所有订单号，如图 4-18 所示。

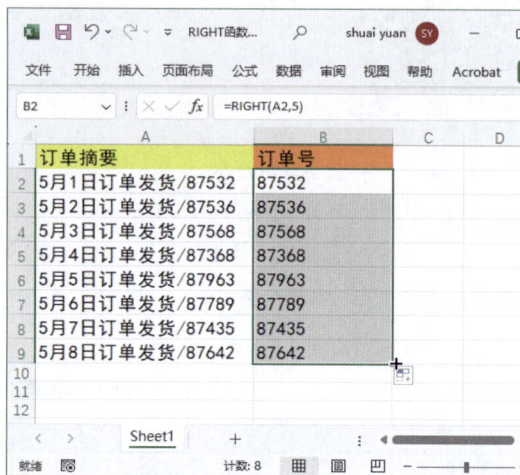

图 4-18

RIGHT 函数的语法结构如下：

RIGHT(text,[num_chars])

RIGHT 函数语法包括以下参数。
➤ text：要提取字符的字符串。
➤ num_chars：提取的字符数，如果忽略则为 1。

4.2.3 从任意位置提取指定数量的字符

MID 函数用于从任意位置提取指定数量的字符。本例将使用 MID 函数从学号中提取学生所在的班级，下面详细介绍其操作步骤。

<< 扫码获取配套视频课程。

第1步 打开本例的素材文件"MID 函数 .xlsx"，选择 B2 单元格，在编辑栏中输入公式"=MID(A2,5,2)&"班"，并按 Enter 键，即可从学号中提取第 1 个学生所在的班级，如图 4-19 所示。

第2步 按住鼠标左键向下填充公式，即可完成从学号中提取所有学生所在的班级，如图 4-20 所示。

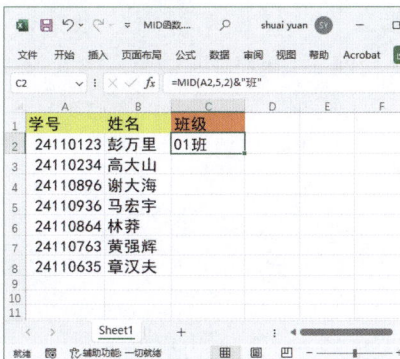

图 4-19

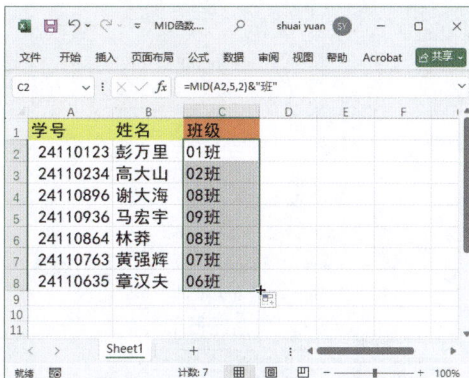

图 4-20

MID 函数的语法结构如下：

MID(text,start_num,num_chars)

MID 函数语法包括以下参数。

➢ text(必需)：准备从中提取字符串的文本字符串。

➢ start_num(必需)：准备提取的第一个字符的位置。

➢ num_chars(必需)：指定所要提取的字符串长度。

知识拓展

如果 start_num 参数大于文本长度，MID 函数将返回空文本。如果 start_num 参数小于 1，MID 函数将返回错误值 "#VALUE! "。如果 num_chars 参数小于 0，MID 函数将返回错误值 "#VALUE! "。

4.2.4 用指定的字符替换文本

REPLACE 函数可以使用其他文本字符串并根据指定的字符数替换另一文本字符串中的部分文本。本例将应用 REPLACE 函数为当前工作表中的电话号码升级，下面详细介绍其操作步骤。

<< 扫码获取配套视频课程。

第1步 打开本例的素材文件"REPLACE 函数.xlsx"，选择 C2 单元格，在编辑栏中输入公式"=REPLACE(B2,6,0,8)"，并按 Enter 键，系统会自动对老电话号码进行位数升级，如图 4-21 所示。

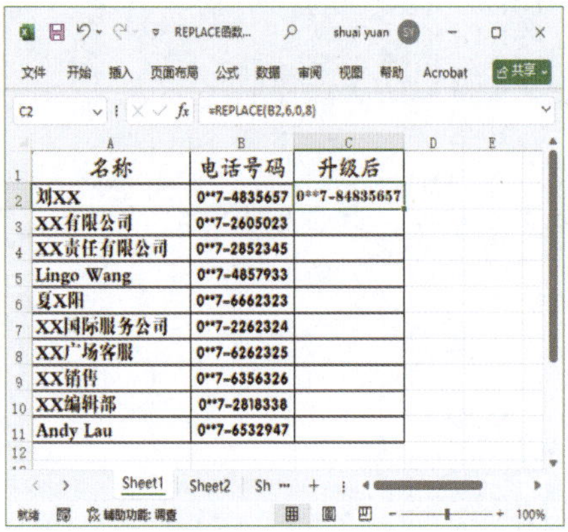

第2步 按住鼠标左键向下填充公式，即可完成当前工作表的电话号码从 6 位数升级到 8 位数的操作，如图 4-22 所示。

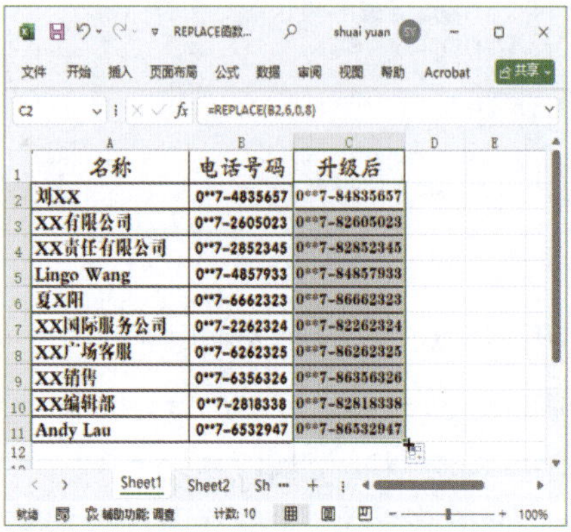

图 4-21

图 4-22

REPLACE 函数的语法结构如下：

`REPLACE(old_text, start_num, num_chars, new_text)`

REPLACE 函数语法包括以下参数。

- old_text(必需)：要替换其部分字符的文本。
- start_num(必需)：要用 new_text 替换的 old_text 中字符的位置。
- num_chars(必需)：希望 REPLACE 使用 new_text 替换 old_text 中字符的个数。
- new_text(必需)：将用于替换 old_text 中字符的文本。

专家解读

如果参数 start_num 或 num_chars 小于 0，则返回错误值 #VALUE!。如果忽略参数 num_chars，则相当于在参数 start_num 表示的字符之前插入新字符。

4.2.5 设置数字格式并将其转换为文本

TEXT 函数用于将数值转换为指定格式的文本。本例使用 TEXT 函数将手机号码分段显示，下面详细介绍其操作步骤。

<< 扫码获取配套视频课程。

第 1 步 打开本例的素材文件“TEXT 函数.xlsx”，选择 C2 单元格，在编辑栏中输入公式“=TEXT(B2,"000 0000 0000")”，并按 Enter 键，即可将第 1 个手机号码分段显示，如图 4-23 所示。

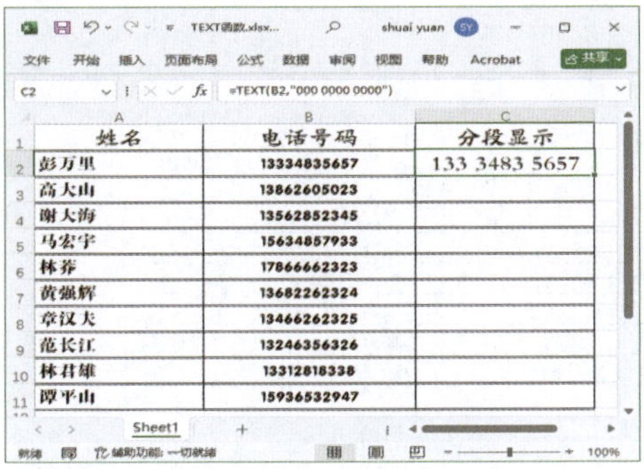

姓名	电话号码	分段显示
彭万里	13334835657	133 3483 5657
高大山	13862605023	
谢大海	13562852345	
马宏宇	15634857933	
林莽	17866662323	
黄强辉	13682262324	
章汉夫	13466262325	
范长江	13246356326	
林君雄	13312818338	
谭平山	15936532947	

图 4-23

第 2 步 按住鼠标左键向下填充公式，即可将所有的手机号码分段显示，如图 4-24 所示。

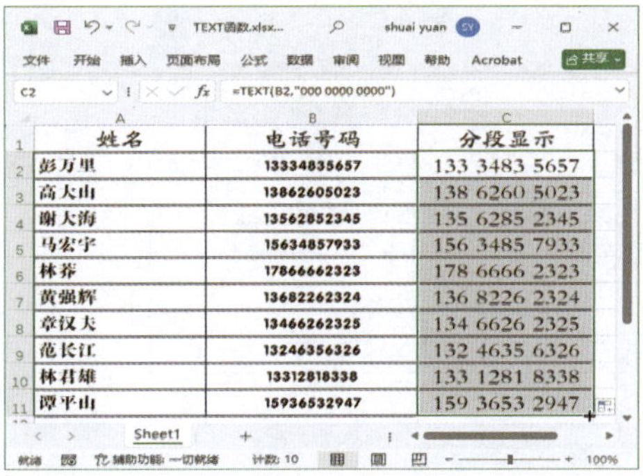

姓名	电话号码	分段显示
彭万里	13334835657	133 3483 5657
高大山	13862605023	138 6260 5023
谢大海	13562852345	135 6285 2345
马宏宇	15634857933	156 3485 7933
林莽	17866662323	178 6666 2323
黄强辉	13682262324	136 8226 2324
章汉夫	13466262325	134 6626 2325
范长江	13246356326	132 4635 6326
林君雄	13312818338	133 1281 8338
谭平山	15936532947	159 3653 2947

图 4-24

TEXT 函数的语法结构如下：

```
TEXT(value, format_text)
```

TEXT 函数语法包括以下参数。

- value(必需)：表示要设置格式的数字。
- format_text(必需)：表示要为数字设置格式的格式代码，必须用双引号将该参数的值括起来。该参数的取值与在【设置单元格格式】对话框中自定义设置数字格式的代码相同。

专家解读

TEXT 函数的功能与使用【设置单元格格式】对话框设置数字格式基本相同，但是使用 TEXT 函数无法完成单元格字体颜色的设置。经过 TEXT 函数设置后的数字都将转变为文本格式，而在【设置单元格格式】对话框中进行格式设置后单元格中的值仍为数字。

4.2.6 将文本转换为大写形式

UPPER 函数用于将文本转换为大写形式。本例使用 UPPER 函数将单元格中所有字母转换为大写，下面详细介绍其操作步骤。

<< 扫码获取配套视频课程。

第1步 打开本例的素材文件"UPPER 函数 .xlsx"，选择 B2 单元格，在编辑栏中输入公式"=UPPER(A2)"，并按 Enter 键，即可将第 1 组英文字母转换为大写形式，如图 4-25 所示。

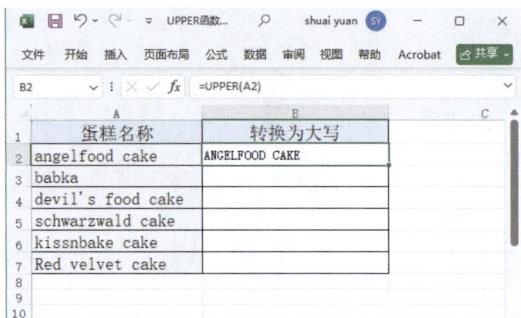

第2步 按住鼠标左键向下填充公式，即可将 A 列单元格中所有字母转换为大写形式，如图 4-26 所示。

图 4-25

图 4-26

UPPER 函数的语法结构如下：

UPPER(text)

UPPER 函数语法包括以下参数，

text(必需)：要转换为大写字母的文本，文本可以是引用或文本字符串。

4.2.7　四舍五入并添加千分位符号和￥符号

RMB 函数运用人民币格式将数字转换成文字，并将小数四舍五入至指定的位数。本例使用 RMB 函数为金额添加千位分隔符和￥符号，下面详细介绍其操作步骤。

<< 扫码获取配套视频课程。

第1步 打开本例的素材文件"RMB 函数 .xlsx"，选择 C2 单元格，在编辑栏中输入公式"=RMB(B2,2)"，并按 Enter 键，即可将第 1 个价格金额添加千位分隔符和￥符号，如图 4-27 所示。

第2步 按住鼠标左键向下填充公式，即可将所有的价格金额添加千位分隔符和￥符号，如图 4-28 所示。

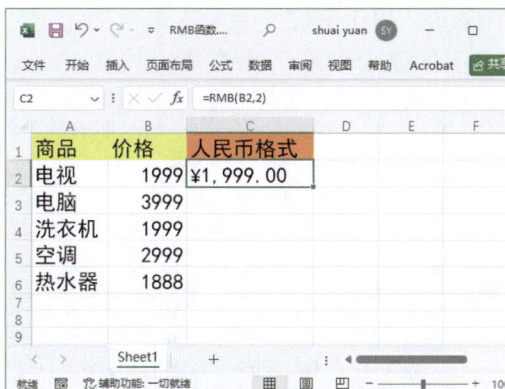

图 4-27

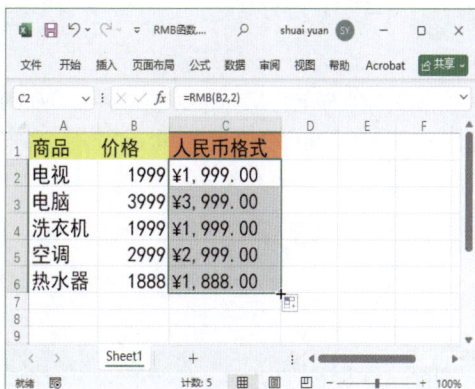

图 4-28

RMB 函数的语法结构如下：

```
RMB(number,[decimals])
```

RMB 函数语法包括以下参数。

➢ number（必需）：数字、包含数字的单元格引用，或是计算结果为数字的公式。

➢ decimals（可选）：指定小数点右边的位数。如果必要，数字将四舍五入；如果省略，则默认其值为 2。

4.2.8 早做完秘籍——从员工身份证号码中提取出生日期

当用户需要在表格中输入出生日期时，如果已经输入了身份证号码，身份证号码中其实已经包含了出生日期，如图 4-29 所示。那么如何将其提取出来呢？

<< 扫码获取配套视频课程。

序号	姓名	民族	身份证号码	出生日期
1	彭万里	汉	4255581987072155*	1987-07-21
2	高大山	汉	4255581980100855*	1980-10-08
3	谢大海	汉	4255581979101155*	1979-10-11
4	马宏宇	汉	4255581990080655*	1990-08-06
5	林莽	汉	4255581999010555*	1999-01-05
6	黄强辉	汉	4255581995100655*	1995-10-06
7	章汉夫	汉	4255581996080955*	1996-08-09

图 4-29

用户可以使用 MID 函数和其他函数嵌套，将出生日期从身份证号码中提取出来，具体操作方法如下。

第 1 步 打开本例的素材文件"人员信息统计表 .xlsx"，选择 E2 单元格，在编辑栏中输入公式"=TEXT(MID(D2,7,8),"0000-00-00")"，并按 Enter 键，即可将第 1 名员工的出生日期提取出来，如图 4-30 所示。

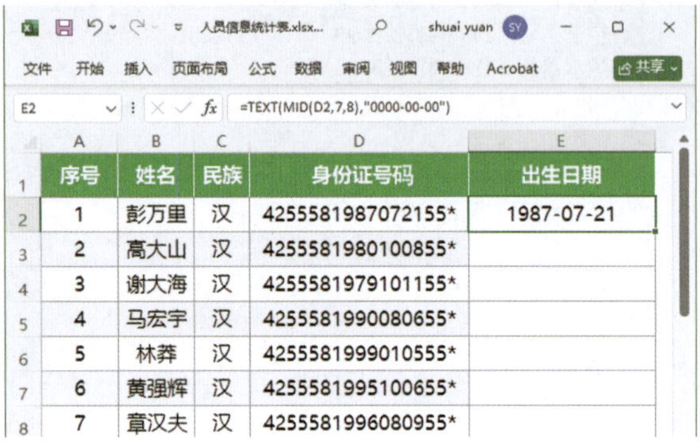

第 2 步 按住鼠标左键向下填充公式，即可从 D 列的身份证号码中提取出所有员工的出生日期，如图 4-31 所示。

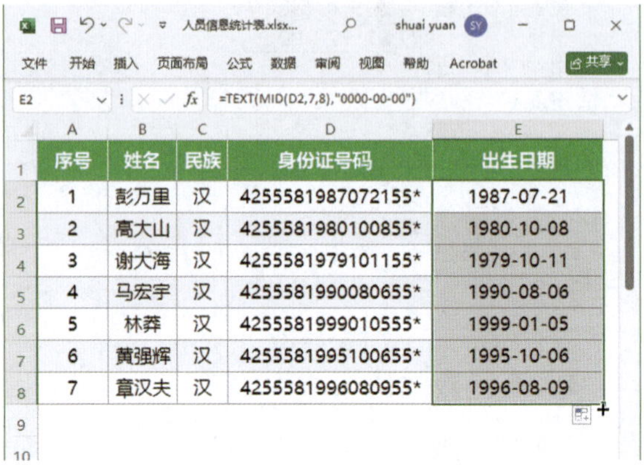

图 4-30

图 4-31

专家解读 ■■

身份证号码的第 7 ～ 14 位数字是出生日期。上述公式使用 MID 函数从身份证号码中提取出代表生日的数字，然后用 TEXT 函数将提取出的数字以指定的文本格式返回。

4.3 获取与判断信息

Excel 中的信息函数主要用于返回与工作表或单元格相关的各种信息，其中也包括捕获各类出错信息，可以检验数值的类型并返回不同的逻辑值。本节将详细介绍获取与判断信息的相关函数知识及应用案例。

4.3.1 返回单元格格式、位置或内容信息

CELL 函数用于返回有关单元格的格式、位置或内容的信息。本例使用 CELL 函数获取当前工作簿的完整路径，下面介绍其操作方法。

打开本例的素材文件"CELL 函数 .xlsx"，选择 B1 单元格，在编辑栏中输入公式"=CELL("filename")"，并按 Enter 键，即可获取当前工作簿的完整路径，如图 4-32 所示。

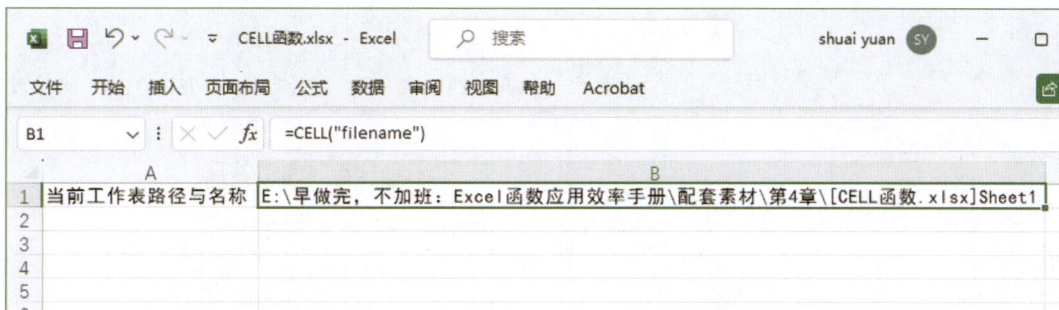

图 4-32

CELL 函数的语法结构如下：

```
CELL(info_type,[reference])
```

RMB 函数语法包括以下参数。

➤ info_type(必需)：一个文本值，指定要返回的单元格信息的类型。

➤ reference(可选)：要了解其信息的单元格。如果省略，则为计算时 info_type 单元格返回参数中指定的信息。如果 reference 参数是单元格区域，则 CELL 函数返回所选区域的活动单元格的信息。

4.3.2 返回单元格内数值类型

当需要根据特定单元格中数值的类型来决定某一个函数的计算结果时，可以使用 TYPE 函数。本例表格统计了各台机器的生产产量，但在计算总产量时发现结果不正确。判断数据是否为数值型数字的具体操作步骤如下。

<< 扫码获取配套视频课程。

第 1 步 打开本例的素材文件 "TYPE 函数 .xlsx"，选择 C2 单元格，在编辑栏中输入公式 "=TYPE(B2)"，并按 Enter 键，如果返回结果是 2，表示单元格中是文本而非数字，如图 4-33 所示。

第 2 步 按住鼠标左键向下填充公式，即可显示 B 列单元格中所有数据的类型，如图 4-34 所示。

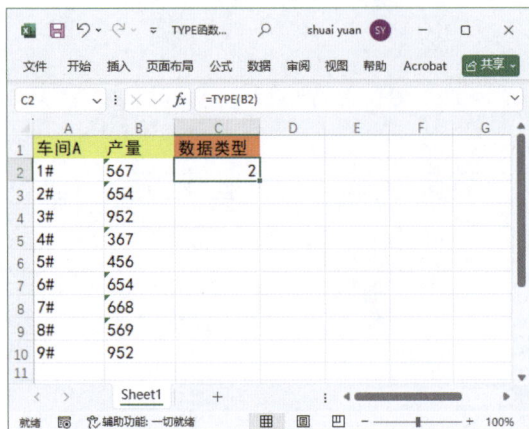

图 4-33

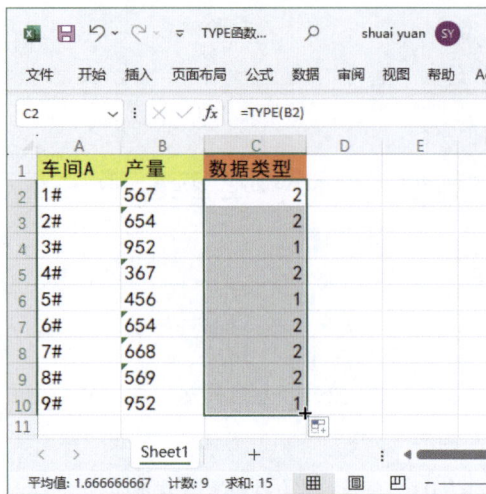

图 4-34

TYPE 函数的语法结构如下：

TYPE(value)

TYPE 函数语法包括以下参数。

value(必需)：可以是任意 Microsoft Excel 数值，如数字、文本以及逻辑值等，具体返回值介绍如下。

➤ 参数的数据类型为数值时，返回值为 1。
➤ 参数的数据类型为文本时，返回值为 2。
➤ 参数的数据类型为逻辑值时，返回值为 4。
➤ 参数的数据类型为错误值时，返回值为 16。
➤ 参数的数据类型为数组时，返回值为 64。

4.3.3　判断单元格是否为空

如果需要判断测试对象是否为空单元格，可以使用 ISBLANK 函数实现。本例使用 ISBLANK 函数统计缺勤人数，下面详细介绍其操作方法。

打开本例的素材文件"ISBLANK 函数 .xlsx"，选择 D2 单元格，在编辑栏中输入公式"=SUM(ISBLANK(B2:B8)*1)"，并按 Enter 键，即可根据员工签到统计出缺勤人数，如图 4-35 所示。

ISBLANK 函数的语法结构如下：

ISBLANK(value)

ISBLANK 函数语法包括以下参数。

value：表示要检验的值。参数 value 可以是空值 (空单元格)、错误值、逻辑值、文本、数字、引用值，或者引用要检验的以上任意值的名称。

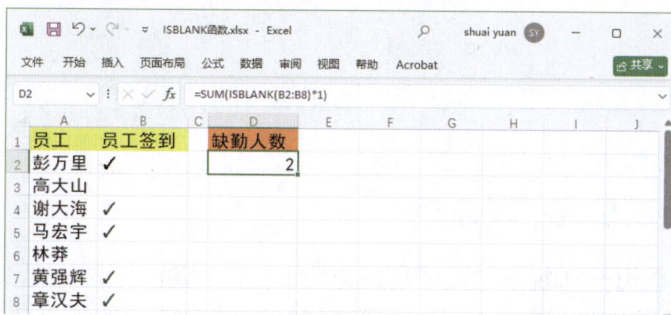

图 4-35

知识拓展 ■■■

ISBLANK 函数在测试对象为空单元格时，返回逻辑值 TRUE，否则返回 FALSE。

4.3.4 检测给定值是否为文本

如果需要检测一个值是否为文本，可以通过 ISTEXT 函数实现。本例使用 ISTEXT 函数统计缺考人数，下面详细介绍其操作方法。

选择 D2 单元格，输入公式"=SUM(ISTEXT(B2:B8)*1)"，按 Enter 键，即可统计出缺考人数，如图 4-36 所示。

图 4-36

ISTEXT 函数的语法结构如下：

ISTEXT(value)

ISTEXT 函数语法包括以下参数。

value：表示要检验的值。参数 value 可以是空值（空单元格）、错误值、逻辑值、文本、数字、引用值，或者引用要检验的以上任意值的名称。该参数是必需的。

知识拓展 ▪▪▪

上述公式中的"ISTEXT(B2:B8)*1"是将逻辑值转换为数值型。

4.3.5 检测给定值是否为数字

ISNUMBER 函数用于判断指定数据是否为数字。在本例的表格中，我们统计了学生成绩，并对缺考情况进行了标记。使用 ISNUMBER 函数结合 SUM 函数可以快速统计出实际参加考试的人数，下面详细介绍其操作方法。

选择 D2 单元格，输入公式"=SUM(ISNUMBER(B2:B8)*1)"，按 Enter 键，即可统计出实际参加考试的人数，如图 4-37 所示。

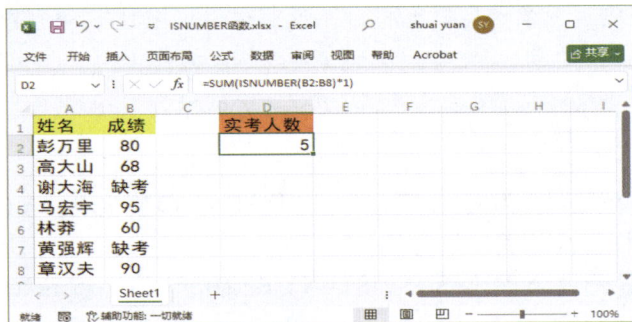

图 4-37

ISNUMBER 函数的语法结构如下：

```
ISNUMBER(value)
```

ISNUMBER 函数语法包括以下参数。

value：表示要检验的值。参数 value 可以是空值（空单元格）、错误值、逻辑值、文本、数字、引用值，或者引用要检验的以上任意值的名称。

4.3.6 判断数字是否为偶数

ISEVEN 函数用于判断指定值是否为偶数。本例使用 ISEVEN 函数判断数值是否为偶数，下面详细介绍其操作步骤。

<< 扫码获取配套视频课程。

第 1 步 打开本例的素材文件 "ISEVEN 函数 .xlsx"，选择 B2 单元格，在编辑栏中输入公式 "=IF(ISEVEN(A2)," " 偶数 "," 奇数 ")"，并按 Enter 键，即可判断出第 1 个数值是否为偶数，如图 4-38 所示。

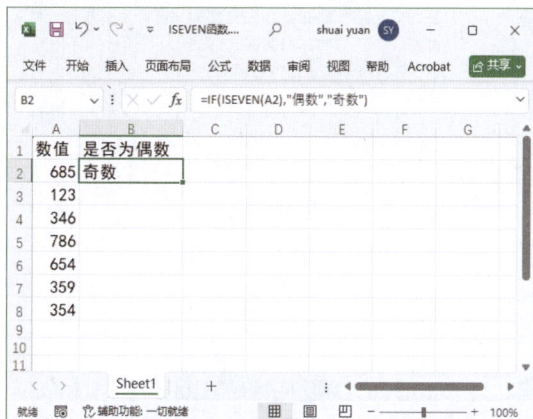

图 4-38

第 2 步 按住鼠标左键向下填充公式，即可判断出 A 列中所有的数值是否为偶数，如图 4-39 所示。

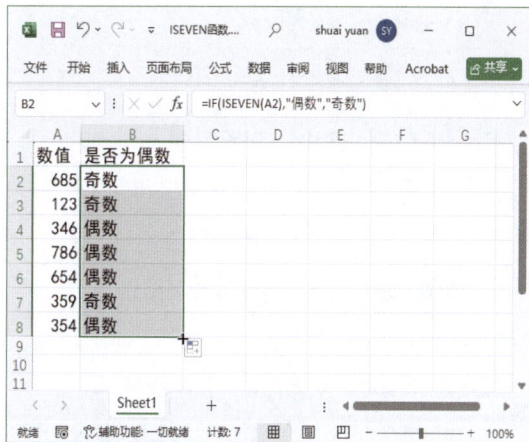

图 4-39

ISEVEN 函数的语法结构如下：

```
ISEVEN(number)
```

ISEVEN 函数语法包括以下参数。

number：指定的数值，如果 number 为偶数，返回 TRUE，否则返回 FALSE。

4.3.7 判断数字是否为奇数

ISODD 函数用于判断指定值是否为奇数。本例使用 ISODD 函数判断员工性别，下面详细介绍其操作步骤。

<< 扫码获取配套视频课程。

第 1 步 打开本例的素材文件 "ISODD 函数 .xlsx"，选择 E2 单元格，在编辑栏中输入公式 "=IF(ISODD(MID(D2,17,1))," 男 "," 女 ")"，并按 Enter 键，即可判断出第 1 名员工的性别，如图 4-40 所示。

第 2 步 按住鼠标左键向下填充公式，即可判断出所有员工的性别，如图 4-41 所示。

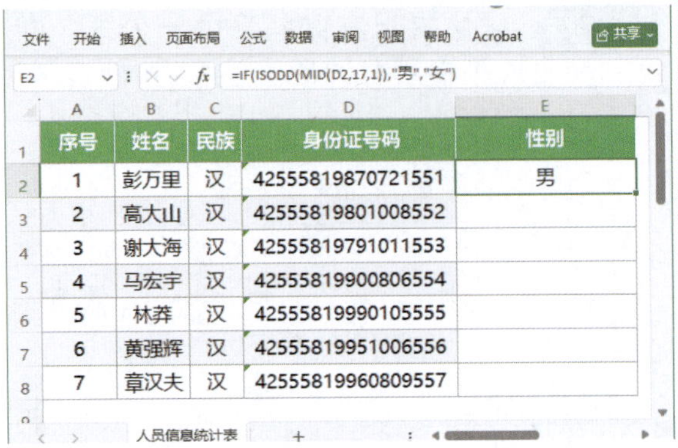

图 4-40

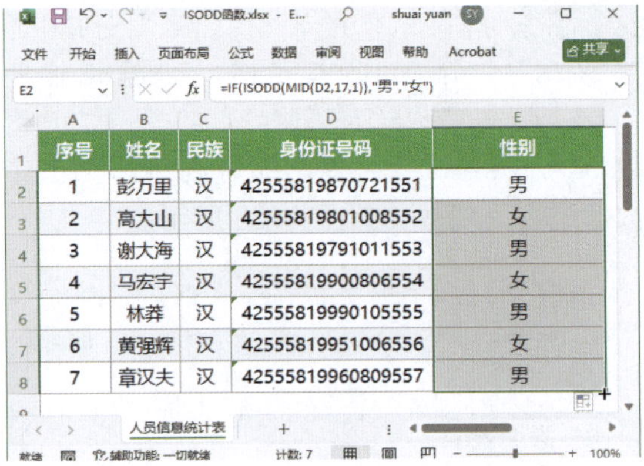

图 4-41

ISODD 函数的语法结构如下：

```
ISODD(number)
```

ISODD 函数语法包括以下参数。

number：要测试的值。如果 number 是非数字的，则 ISODD 返回 #VALUE! 错误值。

知识拓展 ▪ ▪ ▪

根据身份证号码判断性别的依据是判断身份证号码的第 17 位数是奇数还是偶数，奇数为男性，偶数为女性。

4.3.8 检测给定值是否为 #N/A 错误值

如果需要检测单元格中的值是否为 #N/A 错误值，可以通过 ISNA 函数实现。

ISNA 函数的语法为：=ISNA(value)，其中 value 参数为需要进行检验的数值。若检测参数为 #N/A 错误值，将返回逻辑值 TRUE，否则返回 FALSE。下面举例说明 ISNA 函数的使用方法。

在 A1、A2 单元格中输入需要测试的数据，本例输入值"#REF!"和"#N/A"。在需要显示结果的单元格中输入公式"=ISNA(A1)"和"=ISNA(A2)"，然后按下 Enter 键即可，显示结果分别如图 4-42 所示和如图 4-43 所示。

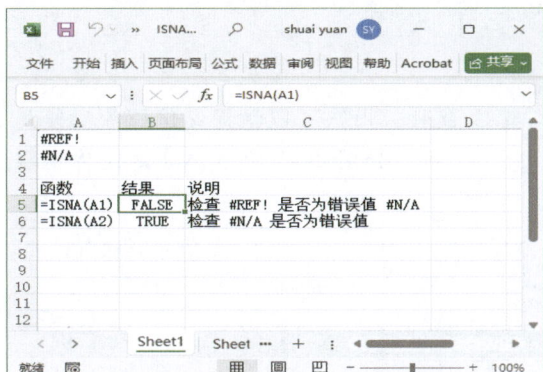

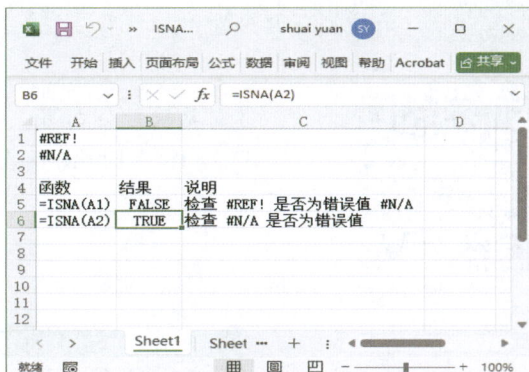

图 4-42   图 4-43

4.3.9 检测单元格内容是否为公式

ISFORMULA 函数用于检查是否存在包含公式的单元格引用，然后返回 TRUE 或 FALSE，下面详细介绍其操作步骤。

<< 扫码获取配套视频课程。

第 1 步 打开本例的素材文件 "ISFORMULA 函数 .xlsx"，选择 E2 单元格，在编辑栏中输入公式 "=ISFORMULA(D2)"，并按 Enter 键，即可检测出 D2 单元格是否包含公式，如图 4-44 所示。

第 2 步 按住鼠标左键向下填充公式，即可对 D 列中的各个单元格值进行检测。返回 TRUE 的表示是公式计算结果，返回 FALSE 的表示不是公式计算结果，如图 4-45 所示。

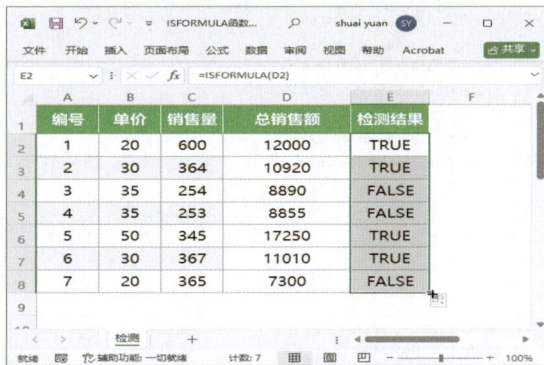

图 4-45

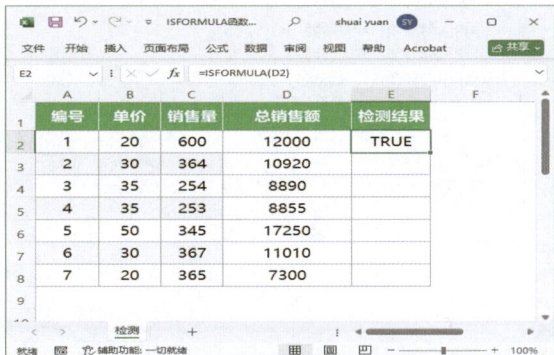

图 4-44

4.3.10 早做完秘籍——计算男、女员工人数

当需要统计公司男、女员工人数时，用户可以根据身份证号码使用 ISODD 和 ISEVEN 函数直接进行计算，如图 4-46 所示，具体操作步骤如下。

<< 扫码获取配套视频课程。

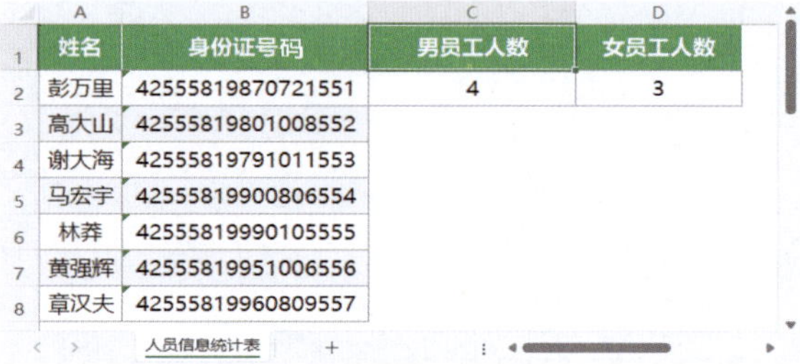

图 4-46

第1步 打开本例的素材文件"人员信息.xlsx"，选择 C2 单元格，输入公式"={SUM(--ISODD(MID(B2:B8,17,1)))}"，按 Ctrl+Shift+Enter 组合键，即可计算出男员工人数，如图 4-47 所示。

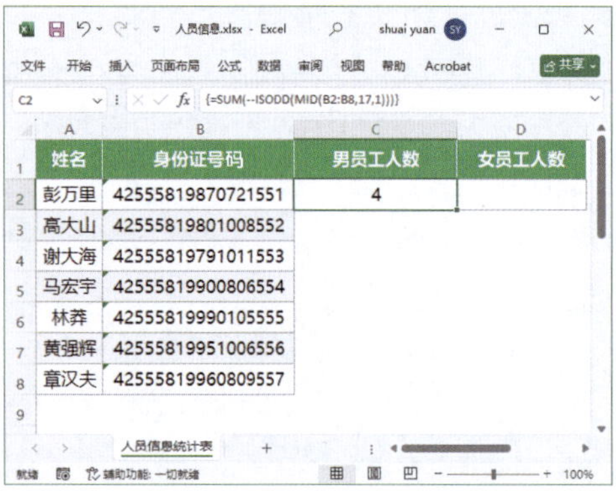

第2步 选择 D2 单元格，输入公式"{=SUM(--ISEVEN(MID(B2:B8,17,1)))}"，按 Ctrl+Shift+Enter 组合键，即可计算出女员工人数，如图 4-48 所示。

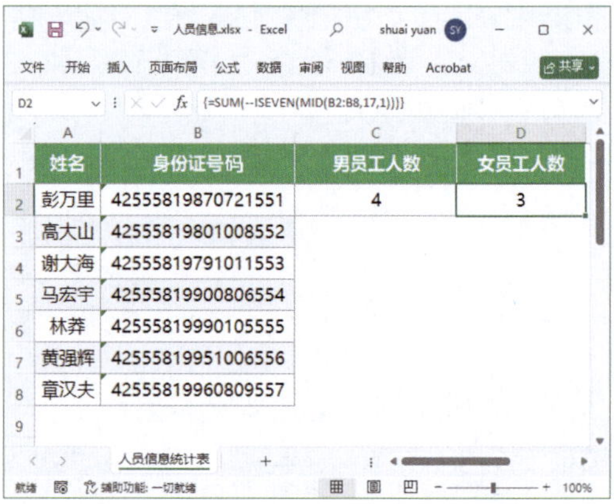

图 4-47

图 4-48

📘 知识拓展 ▪▫▫

本例公式中的"ISEVEN(MID(B2:B8,17,1)"前面加 --，是将公式得出的逻辑值转换为数值型。

4.4 AI办公——使用 WPS AI 合并员工的姓名和部门

使用 WPS AI 可以快速生成统计函数的公式,从而完成表格的数据统计。本例为一个员工信息表,表格中有员工的详细信息,现需要直观地统计出员工姓名以及所在部门,下面详细介绍使用 WPS AI 合并员工的姓名和部门的操作步骤。

<< 扫码获取配套视频课程。

第1步 启动 WPS Office 软件,打开素材文件"员工信息表.xlsx",选择 E2 单元格,① 单击【WPS AI】菜单;② 选择【AI 写公式】菜单项,如图 4-49 所示。

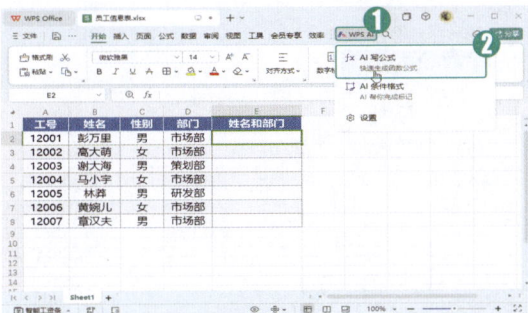

图 4-49

第2步 系统会弹出一个指令输入框,在其中输入指令"使用 CONCATENATE 函数,将姓名和部门合并为一个文本",按 Enter 键,如图 4-50 所示。

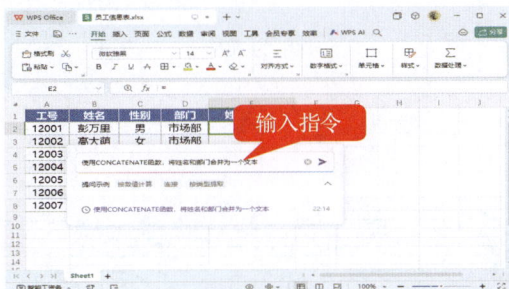

图 4-50

第3步 正在解析指令,用户需要在线等待一段时间,如图 4-51 所示。

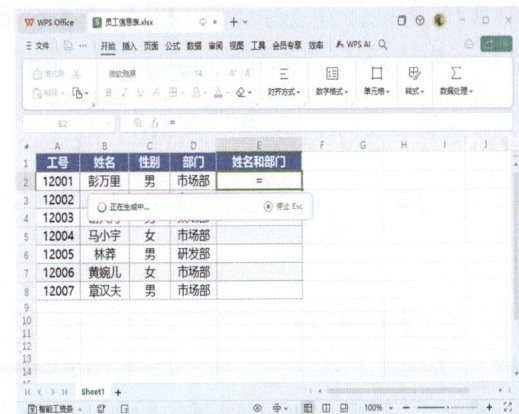

图 4-51

第4步 在指令输入框中会显示出公式结果,用户可以检查该公式是否为自己想要的,确认无误后,单击【完成】按钮,如图 4-52 所示。

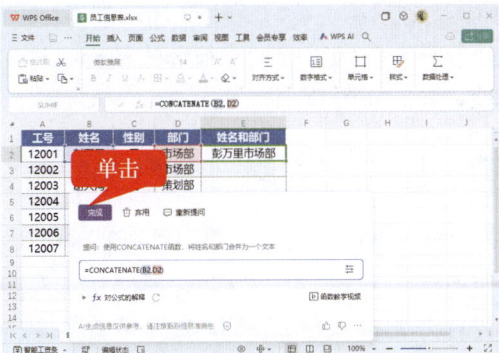

图 4-52

第 5 步 将鼠标指针移动到 E2 单元格的右下角，当鼠标指针变成"十"字形状时，向下拖动填充公式即可完成合并所有员工的姓名和部门，如图 4-53 所示。

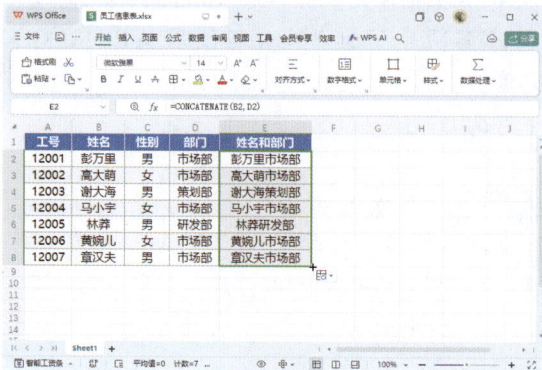

图 4-53

第 6 步 WPS AI 显示公式结果后，用户还可以单击【对公式的解释】折叠按钮 ▾，展开查看本例【公式意义】、【函数解释】以及【参数解释】等详细信息，如图 4-54 所示。

图 4-54

4.5 不加班问答实录

4.5.1 如何自动生成完整的 E-mail 地址

通过员工的账号信息，可以自动生成完整的 E-mail 地址，具体操作方法如下。

打开素材文件"E-mail 地址 .xlsx"，选中 C2 单元格，在公式编辑栏中输入公式"=CONCATENATE(B2, "@126.com")"，按 Enter 键即可为该员工的其 E-mail 地址添加"@126.com"固定后缀。将鼠标指针移动到 C2 单元格的右下角，当鼠标指针变成"十"字形状后，按住鼠标左键向下拖动进行公式填充，即可为所有账号后添加固定后缀，形成完整的 E-mail 地址，如图 4-55 所示。

4.5.2 如何快速判断员工是否签到

使用 ISTEXT 函数配合 IF 函数可以方便地判断出员工是否已经签到，下面详细介绍其操作方法。

打开素材文件"判断员工是否签到 .xlsx"，选择 D2 单元格，在编辑栏中输入公式

"=IF(ISTEXT(C2)," 已签 "," 未签 ")"，并按 Enter 键，在 D2 单元格中，系统会自动判断出该员工是否已经签到。向下填充公式至其他单元格，即可完成判断员工是否签到的操作，如图 4-56 所示。

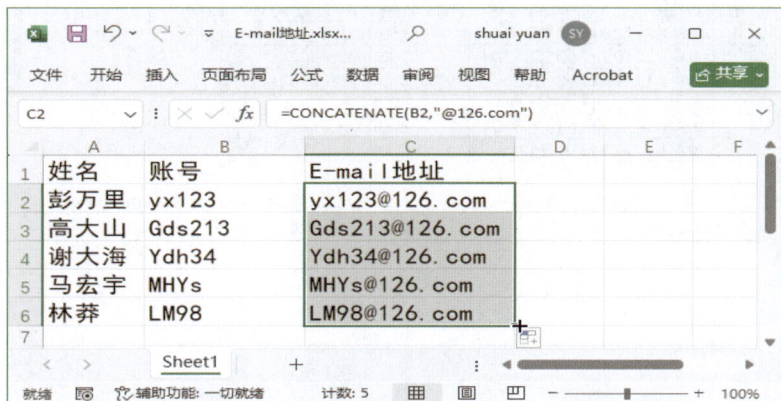

图 4-55

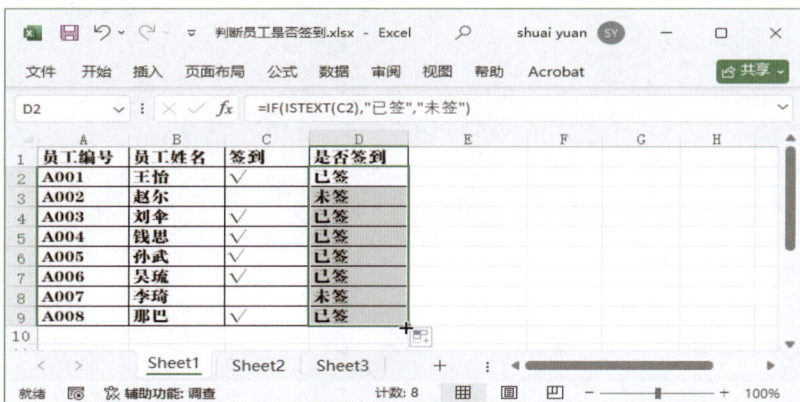

图 4-56

4.5.3 如何通过公式将数值转换为大写汉字

在文本函数中，利用 NUMBERSTRING 函数可以将数值转换为大写汉字形式，下面详细介绍操作方法。

打开素材文件"工艺品销售 .xlsx"，选择 D2 单元格，在编辑栏中输入公式"=NUMBERSTRING (C2,1)"并按 Enter 键。系统会自动在 D2 单元格内以汉字的形式显示 C2 单元格中的数值，使用鼠标左键向下填充公式至其他单元格，即可完成将数值转换为大写汉字的操作，如图 4-57 所示。

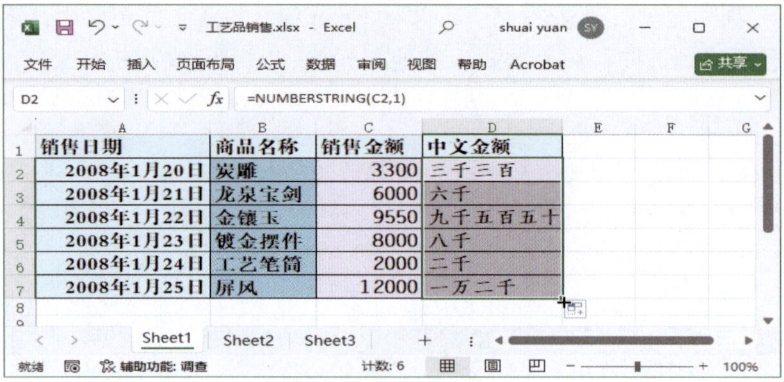
工艺品销售.xlsx - Excel
shuai yuan
文件 开始 插入 页面布局 公式 数据 审阅 视图 帮助 Acrobat
共享
D2
=NUMBERSTRING(C2,1)
销售日期
商品名称
销售金额
中文金额
2008年1月20日 炭雕 3300 三千三百
2008年1月21日 龙泉宝剑 6000 六千
2008年1月22日 金镶玉 9550 九千五百五十
2008年1月23日 镀金摆件 8000 八千
2008年1月24日 工艺笔筒 2000 二千
2008年1月25日 屏风 12000 一万二千
Sheet1
Sheet2
Sheet3
就绪
辅助功能: 调查
计数: 6
100%

图 4-57

第5章

用手机扫描二维码
获取本章学习素材

查找与引用数据的方法

**本章知识
要点**

◎ 查找数据
◎ 引用数据
◎ AI办公——使用WPS AI查询出差人数
◎ 不加班问答实录

**本章主要
内容**

　　本章主要介绍了查找与引用数据方法的相关知识和技巧,首先介绍了查找数据的相关内容;其次阐述了引用数据的方法;再次,引入AI办公,具体讲解了使用WPS AI查询出差人数的操作;最后,以不加班问答实录的形式,对查找引用数据相关的问题进行了答疑解惑。

5.1 查找数据

查找函数的主要功能是快速确定和定位所需数据，即进行数据检索。查找函数可以在工作表或多个工作簿中获取所需信息或数据。用户可以通过 VLOOKUP 函数、CHOOSE 函数、LOOKUP 函数、HLOOKUP 函数、MATCH 函数、INDEX 函数等，可以查找指定的数据。

5.1.1 根据姓名快速提取员工所在部门

LOOKUP 函数用于在单行或单列中查找指定数据。使用 LOOKUP 函数可以快速提取员工所在部门，下面详细介绍其操作步骤。

<< 扫码获取配套视频课程。

第1步 打开素材文件"LOOKUP 函数 .xlsx"，选择 D4 单元格，在编辑栏中输入公式"=LOOKUP(D1,A1:C8)"，并按 Enter 键，如图 5-1 所示。

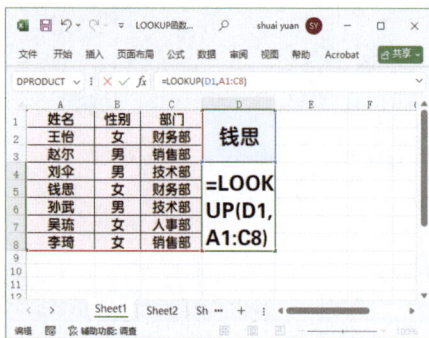

第2步 在 D4 单元格中，系统会自动提取出该员工所在的部门，这样即可完成根据姓名快速提取员工所在部门的操作，如图 5-2 所示。

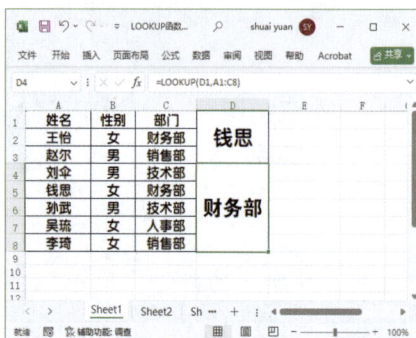

图 5-1

图 5-2

LOOKUP 函数用于从单行、单列区域或从一个数组中返回值。LOOKUP 函数有两种语法格式：向量型和数组型。

向量是只含有一行或一列的区域。LOOKUP 的向量形式在单行区域或单列区域(称为"向量")中查找值，然后返回第二个单行区域或单列区域中相同位置的值。

LOOKUP 函数向量形式语法结构如下：

```
LOOKUP(lookup_value, lookup_vector, [result_vector])
```

LOOKUP 函数的向量形式语法包括以下参数。

➢ lookup_value(必需)：LOOKUP 在第一个向量中搜索的值。Lookup_value 可以是数字、文本、逻辑值、名称或对值的引用。

➢ lookup_vector(必需)：只包含一行或一列的区域。lookup_vector 中的值可以是文本、数字或逻辑值。lookup_vector 中的值必须按升序排列：…, –2, –1, 0, 1, 2, …, A-Z, FALSE, TRUE；否则，LOOKUP 可能无法返回正确的值。文本不区分大小写。

➢ result_vector(可选)：只包含一行或一列的区域。result_vector 参数必须与 lookup_vector 参数大小相同。

知识拓展 ■ ■ □

如果 LOOKUP 函数找不到 lookup_value，则该函数会与 lookup_vector 中小于或等于 lookup_value 的最大值进行匹配。

LOOKUP 函数的数组形式用于在数组的第一行或第一列中查找指定数值，然后返回最后一行或最后一列中相同位置处的数值。

LOOKUP 函数数组形式语法结构如下：

```
LOOKUP(lookup_value, array)
```

LOOKUP 函数的数组形式语法参数如下。

➢ lookup_value(必需)：表示 LOOKUP 函数在数组中搜索的值。lookup_value 参数可以是数字、文本、逻辑值、名称或对值的引用。

◆ 如果 LOOKUP 找不到 lookup_value 的值，它会使用数组中小于或等于 lookup_value 的最大值。

◆ 如果 lookup_value 的值小于第一行或第一列中的最小值 (取决于数组维度)，LOOKUP 会返回 #N/A 错误值。

➢ array(必需)：包含与 lookup_value 进行比较的文本、数字或逻辑值的单元格区域。

5.1.2 根据员工工号查找对应的职务

CHOOSE 函数可以从列表中提取某个值的函数，本例使用 CHOOSE 函数查找工号对应的职务，下面详细介绍其操作步骤。

<< 扫码获取配套视频课程。

第1步 打开素材文件"CHOOSE 函数.xlsx"，选择 G2 单元格，在编辑栏中输入公式"=CHOOSE(6,D2,D3,D4,D5,D6,D7,D8,D9,D10,D11)"，并按 Enter 键，如图5-3所示。

第2步 在 G2 单元格中，即可将工号为006的职务查找出来，这样即可完成根据员工工号查找对应的职务的操作，如图5-4所示。

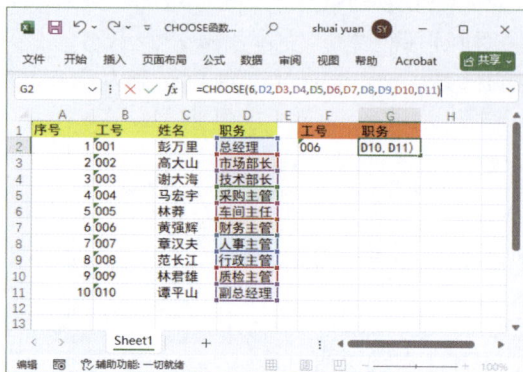

图5-3

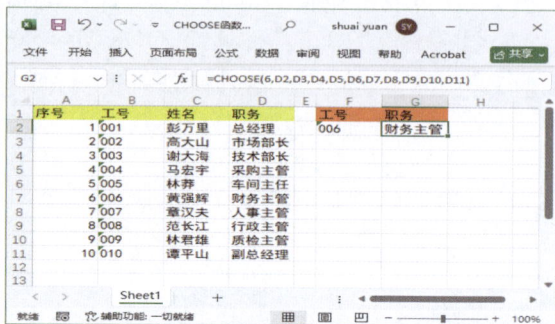

图5-4

知识拓展 ■ ■ ■

上述案例中，由于序号6对应的是工号006，所以公式中的参数 index_num 设置为6，则返回 value6 对应的职务"财务主管"。使用 CHOOSE 函数能够检索的值为29个，如果超过29个，则不能使用该函数。

CHOOSE 函数的语法结构如下：

CHOOSE(index_num, value1, [value2], ...)

CHOOSE 函数的语法包括以下参数。

➢ index_num（必需）：表示指定所选定的值参数。Index_num 必须为 1 ~ 254 的数字，或者为公式或对包含 1 ~ 254 某个数字的单元格的引用。

◆ 如果 index_num 为1，函数 CHOOSE 返回 value1；如果为2，函数 CHOOSE 返回 value2，以此类推。

◆ 如果 index_num 小于1或大于列表中最后一个值的序号，函数 CHOOSE 返回错误值 #VALUE!。

◆ 如果 index_num 为小数，则在使用前将被截尾取整。

➢ value1, value2, …：value1 是必需的，后续值是可选的。这些值参数的个数介于1到254之间，函数 CHOOSE 基于 index_num 从这些值参数中选择一个数值或一项要执行的操作。参数可以为数字、单元格引用、已定义名称、公式、函数或文本。

5.1.3 根据商品名称查询商品价格

VLOOKUP 函数用于在表格或数组的首列查找指定的数值，并由此返回表格数组当前行中其他列的值。本例使用 VLOOKUP 函数根据商品名称查询商品价格，下面详细介绍其操作步骤。

<< 扫码获取配套视频课程。

第 1 步 打开素材文件 "VLOOKUP 函数.xlsx"，选择 G2 单元格，在编辑栏中输入公式 "=VLOOKUP(F2,$A$2:$D$10,4,FALSE)"，并按 Enter 键，即可将商品名称为 "铅笔" 的价格查找出来，如图 5-5 所示。

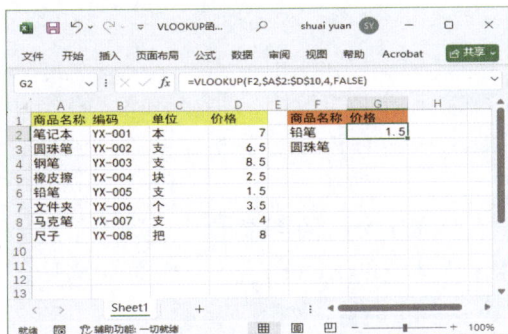

第 2 步 选中 G2 单元格，向下拖动复制公式，这样即可根据商品名称查询其他商品价格，如图 5-6 所示。

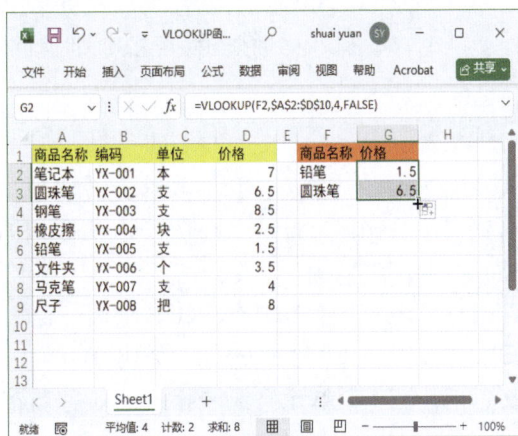

图 5-5

图 5-6

VLOOKUP 函数的语法结构如下：

VLOOKUP(lookup_value, table_array, col_index_num, [range_lookup])

VLOOKUP 函数语法包括以下参数。

➢ lookup_value(必需)：表示要在表格或区域的第一列中搜索的值。lookup_value 参数可以是值或引用。如果为 lookup_value 参数提供的值小于 table_array 参数第一列中的最小值，则 VLOOKUP 将返回错误值 #N/A。

➢ table_array(必需)：表示两列或多列数据。执行对一个区域或区域名称的引用。table_array 第一列中的值是由 lookup_value 搜索的值。这些值可以是文本、数字或逻辑值，不区分大小写。

➢ col_index_num(必需)：表示 table_array 参数中必须返回的匹配值的列号。col_index_num 参数为 1 时，返回 table_array 第一列中的值；col_index_num 为 2 时，返回 table_array 第二列中的值，以此类推。

如果 col_index_num 参数：

- 小于 1，则 VLOOKUP 返回错误值 #VALUE!。
- 大于 table_array 的列数，则 VLOOKUP 返回错误值 #REF!。

➢ range_lookup(可选)：表示一个逻辑值，指定希望 VLOOKUP 查找精确匹配值还是近似匹配值。

- 如果 range_lookup 为 TRUE 或被省略，则返回精确匹配值或近似匹配值。如果找不到精确匹配值，则返回小于 lookup_value 的最大值。
- 如果 range_lookup 为 TRUE 或被省略，则必须按升序排列 table_array 第一列中的值；否则，VLOOKUP 可能无法返回正确的值。
- 如果 range_lookup 为 FALSE，则不需要对 table_array 第一列中的值进行排序。
- 如果 range_lookup 参数为 FALSE，VLOOKUP 将只查找精确匹配值。如果 table_array 的第一列中有两个或更多值与 lookup_value 匹配，则使用第一个找到的值。如果找不到精确匹配值，则返回错误值 #N/A。

5.1.4 查找某业务员在某季度的销量

HLOOKUP 函数用于在表格或数值数组的首行查找指定的数值，并在表格或数组中指定行的同一列中返回一个数值，本例使用 HLOOKUP 函数查找某业务员在某季度的销量，下面详细介绍其操作方法。

打开素材文件“HLOOKUP 函数 .xlsx”，选择 I2 单元格，在编辑栏中输入公式“=HLOOKUP(G2,A1:E9,MATCH(H2,A:A,0),0)”，并按下键盘上的 Enter 键。在 I2 单元格中，系统会计算 G2:H2 单元格区域指定的业务员在指定季度中的销量，如图 5-7 所示。

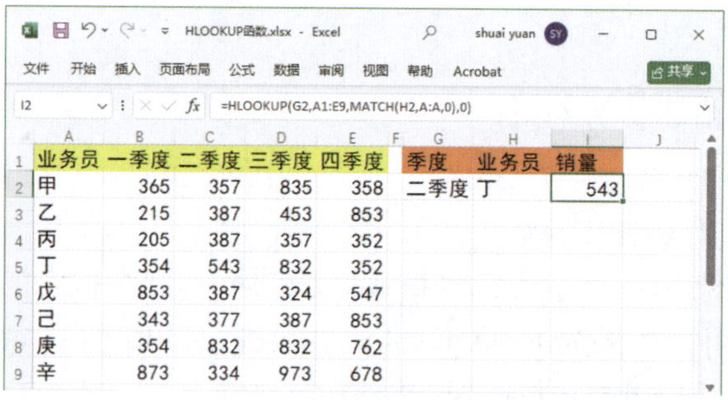

业务员	一季度	二季度	三季度	四季度		季度	业务员	销量
甲	365	357	835	358		二季度	丁	543
乙	215	387	453	853				
丙	205	387	357	352				
丁	354	543	832	352				
戊	853	387	324	547				
己	343	377	387	853				
庚	354	832	832	762				
辛	873	334	973	678				

图 5-7

知识拓展

本例公式利用 HLOOKUP 函数在 A1:E9 区域中查找季度名，找到后返回业务员在 A 列的排位所对应列的值，本例为精确查找。

HLOOKUP 函数的语法结构如下：

```
HLOOKUP(lookup_value, table_array, row_index_num, [range_lookup])
```

HLOOKUP 函数语法包括以下参数。

➤ lookup_value（必需）：表示需要在数据表的第一行中进行查找的数值。Lookup_value 可以为数值、引用或文本字符串。

➤ table_array（必需）：表示需要在其中查找数据的信息表。可以使用对区域或区域名称的引用。table_array 的第一行的数值可以为文本、数字或逻辑值。

➤ row_index_num（必需）：表示 table_array 中待返回的匹配值的行序号。row_index_num 为 1 时，返回 table_array 第一行的数值，row_index_num 为 2 时，返回 table_array 第二行的数值，以此类推。如果 row_index_num 小于 1，则 HLOOKUP 返回错误值 #VALUE!；如果 row_index_num 大于 table_array 的行数，则 HLOOKUP 返回错误值 #REF!。

➤ range_lookup（可选）：表示一逻辑值，指明函数 HLOOKUP 查找时是精确匹配，还是近似匹配。如果为 TRUE 或省略，则返回近似匹配值。也就是说，如果找不到精确匹配值，则返回小于 lookup_value 的最大数值。如果 range_lookup 为 FALSE，函数 HLOOKUP 将查找精确匹配值，如果找不到，则返回错误值 #N/A。

5.1.5 不区分大小写提取成绩

MATCH 函数用于在单元格区域中搜索指定项，然后返回该项在单元格区域中的相对位置。配合 INDEX 函数，可以在不区分大小写的情况下提取成绩，下面详细介绍其操作方法。

选择 C5 单元格，在编辑栏中输入公式"=INDEX(B2:B6,MATCH(C1,A2:A6,0))"，并按下键盘上的 Enter 键。在 C5 单元格中，系统会自动提取出成绩。通过以上方法，即可完成不区分大小写提取成绩的操作，如图 5-8 所示。

图 5-8

知识拓展 ■ ■ ■

由于 MATCH 函数返回的是单元格区域内检索值的相对位置，因此与 INDEX 函数组合使用，可以进行进一步的检索。

MATCH 函数的语法结构如下：

```
MATCH(lookup_value, lookup_array, [match_type])
```

MATCH 函数语法包括以下参数。

- lookup_value(必需)：表示需要在 lookup_array 中查找的值。例如，在电话簿中查找某人的电话号码时，应该将姓名作为查找值。lookup_value 参数可以是数字、文本或逻辑值，也可以是对这些值的单元格引用。
- lookup_array(必需)：表示要搜索的单元格区域。
- match_type(可选)：表示查找方式，用于指定精确查找或模糊查找，取值为"–1、0 或 1。表 5-1 列出了 MATCH 函数在参数 match_type 取不同值时的返回值。

表 5–1　参数 match_type 与 MATCH 函数的返回值

match_type 参数值	MATCH 返回值
1 或省略	MATCH 函数会查找小于或等于 lookup_value 的最大值；lookup_array 参数中的值必须按升序排列
0	MATCH 函数会查找等于 lookup_value 的第一个值；lookup_array 参数中的值可以按任何顺序排列
–1	MATCH 函数会查找大于或等于 lookup_value 的最小值；lookup_array 参数中的值必须按降序排列

5.1.6　找出指定商品的销售金额

INDEX 函数用于返回指定的行与列交叉处的单元格引用。如果引用由不连续的选定区域组成，可以选择某一选定区域。

INDEX 函数用于返回单元格区域或数组中行列交叉位置上的值，使用 INDEX 函数可以快速找出指定商品的销售金额，下面详细介绍其操作方法。

打开素材文件"INDEX 函数 .xlsx"，选择 J2 单元格，在编辑栏中输入公式"=INDEX(A1:G9,6,7)"，并按 Enter 键，即可将商品名称为"扫描仪"的销售额查找出来，如图 5-9 所示。

INDEX 函数的语法结构如下：

```
INDEX(reference, row_num, [column_num], [area_num])
```

图 5-9

INDEX 函数语法包括以下参数。

➤ reference(必需)：表示对一个或多个单元格区域的引用。

◆ 如果为引用输入一个不连续的区域，必须用括号括起来。

◆ 如果引用中的每个区域只包含一行或一列，则相应的参数 row_num 或 column_num 分别为可选项。例如，对于单行的引用，可以使用函数 INDEX(reference, column_num)。

➤ row_num(必需)：表示引用中某行的行号，函数从该行返回一个引用。

➤ column_num(可选)：表示引用中某列的列标，函数从该列返回一个引用。

➤ area_num(可选)：表示选择引用中的一个区域，以从中返回 row_num 和 column_num 的交叉区域。选中或输入的第一个区域序号为 1，第二个为 2，以此类推。如果省略 area_num，则函数 INDEX 使用区域 1。

知识拓展 ■■■

在使用 INDEX(array,row_num,column_num) 函数时，需要注意的是参数 row_num 和参数 column_num 表示的引用必须位于参数 array 的范围内。如果脱离了参数 array 的范围，INDEX 函数将会返回错误值 #REF!。

5.1.7 早做完秘籍——根据税率基准表计算每月的应交税额

在本例中，已知某公司上半年中每月的销售总额，然后根据税率基准表计算每月的应交税额。

<< 扫码获取配套视频课程。

打开本例的素材文件"应交税额.xlsx"，选择 C3 单元格，输入公式"=IF(B3<$A$12,0,LOOKUP(B3,$A$12:$C$18))*B3"，并按 Enter 键。系统会取出第一个月的应交税额，拖动 C3 单元格的填充柄将公式向下填充，即可提取出其他月份的应交税额，如图 5-10 所示。

图 5-10

知识拓展 ■ ■ ■ ■

本例首先通过 IF 函数判断每月销售收入，如果在 2000 元以下，则税率为 0，如果在 2000 元以上，则税率适用 LOOKUP 函数在税率基准表中进行查询，最后乘以销售收入得到每月应交的税额。

5.1.8 早做完秘籍——标注热销产品

在本例中，规定产品销量大于 15000 为热销产品，使用 CHOOSE 函数配合 IF 函数即可标注热销产品，下面详细介绍其操作方法。

<< 扫码获取配套视频课程。

打开素材文件"标注热销商品.xlsx"，选择 C2 单元格，在编辑栏中输入公式 "=CHOOSE(IF(B2>15000,1,2)," 热销 ","")"，并按 Enter 键。在 C2 单元格中，系统会自动标记出该商品是否热销，向下拖动填充公式至其他单元格，即可完成标注热销产品的操作，如图 5-11 所示。

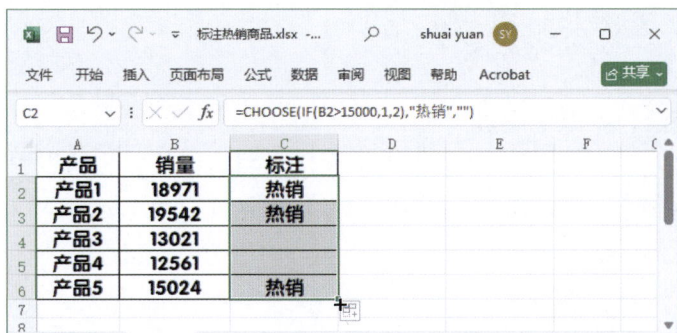

图 5-11

5.2 引用数据

在查找数据时，除了普通查询数据之外，有时也需要适当引用数据才能够查找到所需的信息。本节将列举一些查找和引用函数中进行引用查询的函数应用案例，并对其进行详细的讲解。

5.2.1 统计公司有几个部门

AREAS 函数用于返回引用中包含的区域个数。区域表示连续的单元格区域或某个单元格。使用 AREAS 函数可以快速地统计出公司有几个部门，详细操作方法如下。

打开素材文件"AREAS 函数 .xlsx"，选择 B7 单元格，在编辑栏中输入公式"=AREAS((A1:A4, B1:B4, C1:C4, D1:D4))"，并按 Enter 键。在 B7 单元格中即可统计出公司部门数量，如图 5-12 所示。

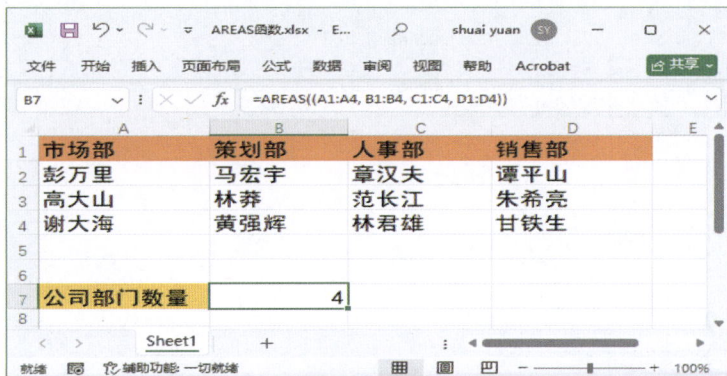

图 5-12

113

AREAS 函数的语法结构如下：

`AREAS(reference)`

AREAS 函数语法包括以下参数。

reference(必需)：表示对某个单元格或单元格区域的引用，也可以引用多个区域。如果需要将几个引用指定为一个参数，则必须用括号括起来，以免 Microsoft Excel 将逗号视为字段分隔符。

知识拓展 ■■■

　　在引用多个单元格区域时，区域间要用逗号隔开，而且整个 reference 参数必须用 "()" 括起来，否则会出现错误结果。

5.2.2 返回数据区域首列的列号

　　COLUMN 函数用于返回单元格或单元格区域首列的列号。本例使用 COLUMN 函数配合 TEXT 函数在一行中快速输入月份。

<< 扫码获取配套视频课程

打开素材文件"COLUMN 函数 .xlsx"，选择 A1 单元格，在编辑栏中输入公式"=TEXT (COLUMN(), "0 月 ")"，并按 Enter 键，向右填充，即可快速输入月份，如图 5-13 所示。

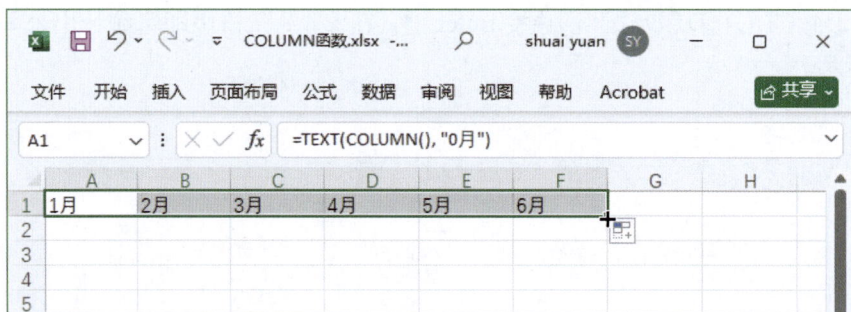

图 5-13

COLUMN 函数的语法结构如下：

`COLUMN([reference])`

COLUMN 函数的语法包括以下参数。

reference(可选)：表示要得到其列号的单元格或单元格区域。省略该参数时将返回当前单元格所在列的列号。

5.2.3 返回数据区域包含的列数

COLUMNS 函数用于返回单元格区域或数组中包含的列数。本例使用 COLUMNS 函数统计公司的部门数量，下面详细介绍其操作方法。

打开素材文件"COLUMNS 函数 .xlsx"，选择 F4 单元格，在编辑栏中输入公式"=COLUMNS(B:H)"，并按 Enter 键。在 F4 单元格中，系统会自动统计出公司的部门数量，如图 5-14 所示。

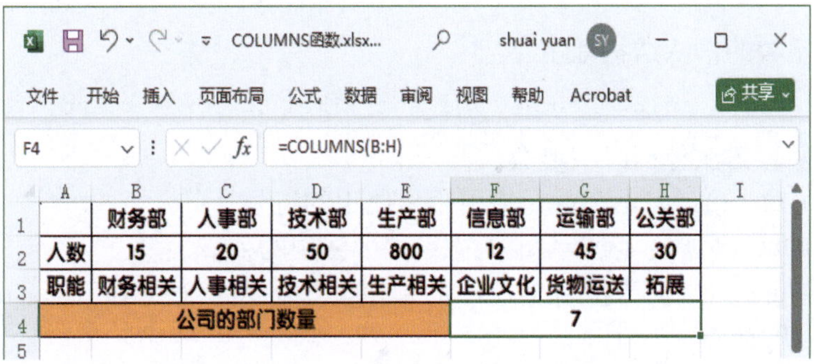

图 5-14

COLUMNS 函数的语法结构如下：

```
COLUMNS(array)
```

COLUMNS 函数语法包括以下参数。

array(必需)：表示需要得到其列数的数组、数组公式或对单元格区域的引用。

5.2.4 定位年会抽奖号码位置

ADDRESS 函数用于按照给定的行号和列标，建立文本类型的单元格地址。本例详细介绍使用函数 ADDRESS 定位年会抽奖号码位置的方法。

打开素材文件"ADDRESS 函数 .xlsx"，选择 D5 单元格，在编辑栏中，输入公式"=ADDRESS(5,1,1)"，并按 Enter 键。在 D5 单元格区域内，系统会自动定位中奖号码所在的员工编号的位置，这样即可完成定位年会抽奖号码位置的操作，如图 5-15 所示。

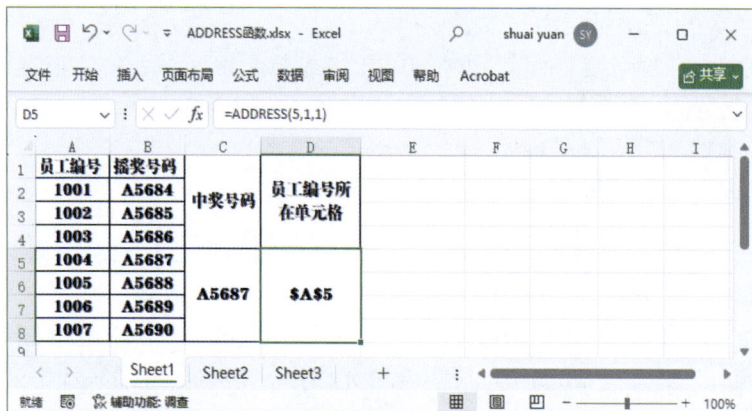

图 5-15

ADDRESS 函数的语法结构如下：

ADDRESS(row_num, column_num, [abs_num], [a1], [sheet_text])

ADDRESS 函数语法包括以下参数。

➤ row_num(必需)：表示在单元格引用中使用的行号。

➤ column_num(必需)：表示在单元格引用中使用的列标。

➤ abs_num(可选)：表示指定要返回的引用类型。表 5-2 列出了 abs_num 的参数值及返回的引用类型。

表 5-2　参数 abs_num 的取值及返回的引用类型

abs_num 参数值	返回的引用类型
1 或省略	绝对引用行和列
2	绝对引用行号，相对引用列标
3	相对引用行号，绝对引用列标
4	相对引用行和列

➤ a1：用以指定 A1 或 R1C1 引用样式的逻辑值。如果 A1 为 TRUE 或省略，函数 ADDRESS 返回 A1 样式的引用；如果 A1 为 FALSE，函数 ADDRESS 返回 R1C1 样式的引用。

➤ sheet_text：指定作为外部引用的工作表的名称的文本，如果省略 sheet_text，则不使用任何工作表名。

5.2.5 根据指定姓名和科目查询成绩

OFFSET 函数用于以指定的引用为基准，通过给定偏移量来获取新的引用。返回的引用可以是一个单元格或单元格区域，并且可以指定返回的行数或列数。本例中使用 OFFSET

函数结合 MATCH 函数来根据指定的姓名和科目查询成绩，下面详细介绍其操作方法。

打开素材文件"OFFSET 函数 .xlsx"，选择 F2 单元格，在编辑栏中输入公式"=OFFSET(A1,MATCH(F1,A2:A9,0),MATCH(G1,B1:D1,0))"，然后按 Enter 键。在 F2 单元格中，系统将根据指定的姓名和科目找出相应单元格的值，如图 5-16 所示。

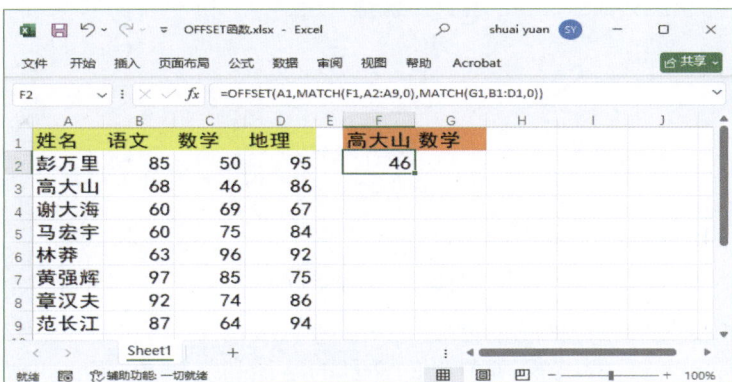

图 5-16

知识拓展

本例中的公式利用 MATCH 函数计算出单元格 F1 中姓名在 A 列的位置，以及单元格 G1 中科目在第 1 行的位置，然后将这两个位置分别作为 OFFSET 函数的行偏移和列偏移，以引用目标数据。

5.2.6 在表格中指定公司邮件地址

HYPERLINK 函数用于创建快捷方式或链接，以便打开存储在网络服务器、Internet 或本地磁盘中的文档。当单击包含 HYPERLINK 函数的单元格时，Excel 将打开存储在 link_location 中的文件。

<< 扫码获取配套视频课程。

HYPERLINK 函数用于为指定的内容创建超链接。本例中使用 HYPERLINK 函数在工作表中指定公司邮件地址，下面详细介绍其操作方法。

打开素材文件"HYPERLINK 函数 .xlsx"，选择 C4 单元格，在编辑栏中输入公式"=HYPERLINK("mailto：xx@xx.xx"," 点击发送 ")"，然后按下键盘上的 Enter 键。在 C4 单元格中，系统会自动创建一个超链接项，单击该超链接即可发送电子邮件。通过以上方法，可以完成添加客户电子邮件地址的操作，如图 5-17 所示。

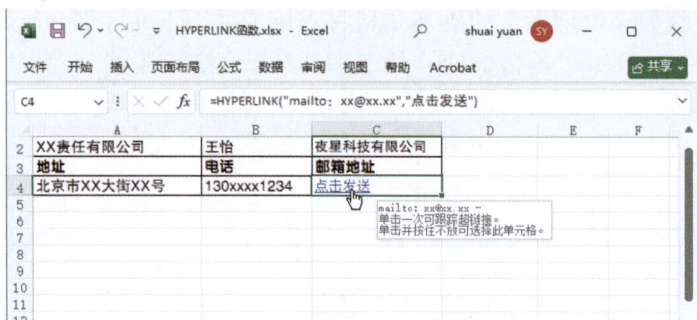

图 5-17

HYPERLINK 函数的语法结构如下：

```
HYPERLINK(link_location, [friendly_name])
```

HYPERLINK 函数语法包括以下参数。

➤ link_location(必需)：表示要打开的文档的路径和文件名。link_location 可以指向文档中的特定位置，例如，Excel 工作表或工作簿中的特定单元格或命名区域，也可以指向 Microsoft Word 文档中的书签。路径可以是存储在硬盘驱动器上的文件的路径，也可以是服务器 (URL) 路径。

➤ friendly_name(可选)：表示单元格中显示的链接文本或数字值。friendly_name 显示为蓝色并带有下划线。如果省略 friendly_name，单元格将直接显示 link_location 作为链接文本。

知识拓展 ■ ■ ■

需要注意的是，HYPERLINK 函数的第一个参数应包含 "mailto" 文本，否则指定的邮箱将无法正常工作。

5.2.7 快速输入 12 个月份

ROW 函数用于返回引用的行号，与 COLUMN 函数一起，它们分别返回给定引用的行号和列标。

<< 扫码获取配套视频课程

ROW 函数可以用于返回单元格或单元格区域首行的行号。利用 ROW 函数可以快速输入 12 个月份，下面详细介绍其操作方法。

打开素材文件 "ROW 函数 .xlsx"，选择 A1 单元格，在编辑栏中输入公式 "=ROW()&"

月""，然后按下键盘上的 Enter 键。在 A1 单元格中，系统会自动显示"1 月"，向下填充公式至其他单元格，即可完成快速输入 12 个月份的操作，如图 5-18 所示。

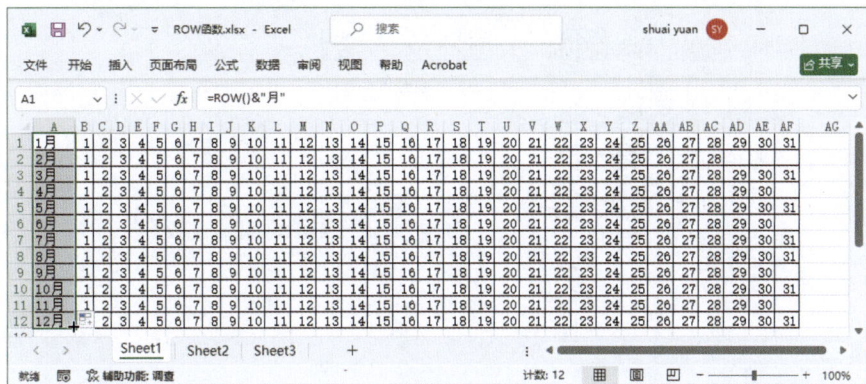

图 5-18

ROW 函数的语法结构如下：

```
ROW([reference])
```

ROW 函数语法的参数如下：
reference(可选)：表示要得到其行号的单元格或单元格区域。

5.2.8 早做完秘籍——进、出库合计查询

本例中的工作表用于每月月末统计当月的进、出库数量。现需根据 E2:G2 单元格区域指定的起始月、终止月和查询项目来计算合计。其中 E2:G2 单元格区域包含下拉列表，修改下拉列表时可以汇总不同月份间的数据。

<< 扫码获取配套视频课程。

打开本例的素材文件"进、出库 .xlsx"，选择 F4 单元格，在编辑栏中输入公式"=SUM(OFFSET(A1,E2,MATCH(G2& " 总计 ", B1:C1,0), F2-E2+1))"，然后按下键盘上的 Enter 键。在 F4 单元格中，系统将返回 E2:G2 指定条件的单元格区域的合计值，这样即可完成进、出库合计查询的操作，如图 5-19 所示。

知识拓展

在本例公式中，OFFSET 函数用于产生目标区域引用，再由 SUM 函数进行汇总。OFFSET 函数以单元格 A1 为参照，偏移行数等于起始月数，偏移列数等于查询项目在 B1:C1 的排位，高度是终止月减去起始月加 1，从而形成一个区域。

图 5-19

5.3 AI 办公——使用 WPS AI 查询出差人数

本例为差旅费报销明细表，表格中包含员工的姓名及其报销金额。现需要统计出详细的出差人数。由于本例表格中的数据是规范的人名对应数值排列，我们只要统计出数据区域中具体的格子数量再除以 2，即可查询出具体的人数。下面详细介绍使用 WPS AI 查询出差人数的操作步骤。

<< 扫码获取配套视频课程。

第 1 步 启动 WPS Office 软件，打开素材文件"差旅费报销明细 .xlsx"，选择 C8 单元格，① 单击【WPS AI】菜单；② 选择【AI 写公式】菜单项，如图 5-20 所示。

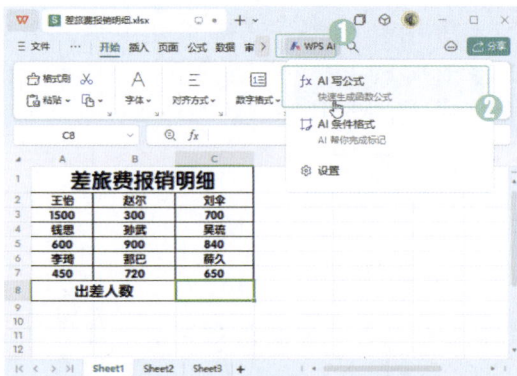

第 2 步 系统会弹出一个指令输入框，在其中输入指令"计算 A2:C7 的行数乘以 A2:C7 的列数除以 2"，按 Enter 键，如图 5-21 所示。

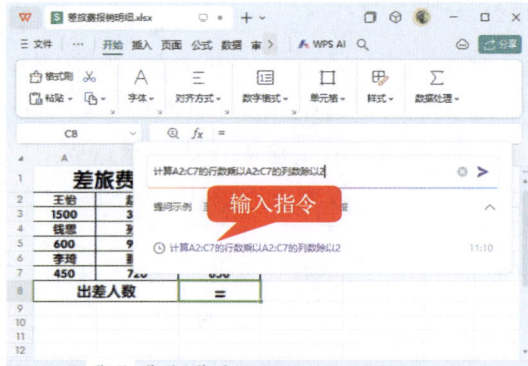

图 5-20

图 5-21

第 3 步 系统正在解析指令，用户需要在线等待一段时间，如图 5-22 所示。

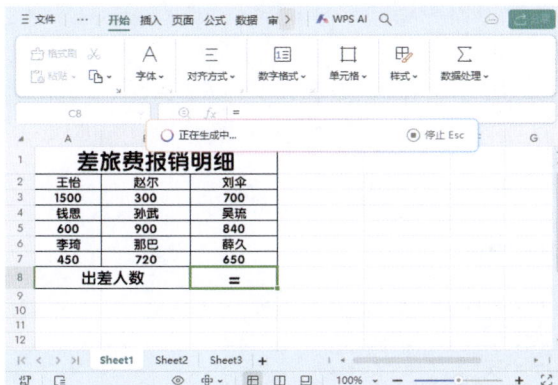

图 5-22

第 4 步 在指令输入框中会显示出公式结果，用户可以检查该公式是否为自己想要的，确认无误后，单击【完成】按钮，如图 5-23 所示。

图 5-23

第 5 步 在 C8 单元格中，系统会自动统计出出差的人数，这样即可完成使用 WPS AI 查询出差人数的操作，如图 5-24 所示。

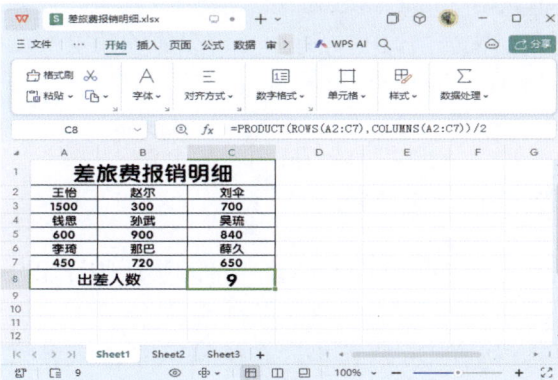

图 5-24

第 6 步 WPS AI 显示公式结果后，用户还可以单击【对公式的解释】折叠按钮，展开查看本例【公式意义】、【函数解释】以及【参数解释】等详细信息，如图 5-25 所示。

图 5-25

5.4 不加班问答实录

5.4.1 如何间接访问单元格的值

INDIRECT 函数可以返回由文本字符串指定的引用。该函数会立即计算引用，并显示其内容。当需要更改公式中单元格的引用而不直接修改公式时，可使用该函数，如图 5-26 所示。

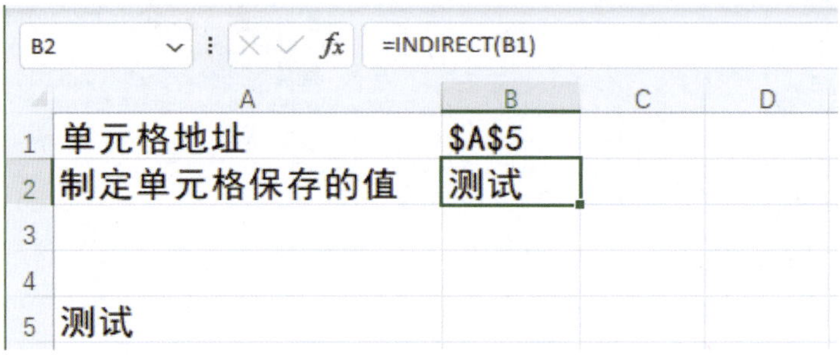

图 5-26

在 B2 单元格中的公式为"=INDIRECT(B1)"，而 B1 单元格的内容为"$A$5"，公式可以转化为"=INDIRECT($A$5)"。使用 INDIRECT 函数就类似于使用指针，指向 $A$5 实际就是访问 $A$5 单元格中的内容。如果将 B1 单元格中的值修改为 $B$5，则公式可以返回 $B$5 单元格的内容，这种操作称为间接访问，在定义公式时非常有用。可以先使用文本函数构造出要访问的单元格或区域，然后通过 INDIRECT 函数来访问对应单元格的值，实现动态访问的效果。

5.4.2 如何使用 ROWS 函数统计销售人员数量

ROWS 函数用于返回数据区域包含的行数。通过使用 ROWS 函数，可以快速统计出公司销售人员的总数。下面详细介绍其操作方法。

打开素材文件"统计销售人员数量 .xlsx"，选择 D6 单元格，在编辑栏中输入公式"=ROWS(A3:A5)+ROWS(C3:C5)+ROWS(E3:E5)"，然后按 Enter 键。在 D6 单元格中，系统会自动计算出三个部门销售人员的数量总和，从而完成统计销售人员数量的操作，如图 5-27 所示。

图 5-27

5.4.3 转换数据区域

TRANSPOSE 函数用于转换数据区域的行列位置。使用 TRANSPOSE 函数可以将表格中的纵向数据转换为横向数据。下面详细介绍其操作方法。

打开素材文件"转换数据区域 .xlsx",选择 A8：F10 单元格区域,在编辑栏中输入公式"=TRANSPOSE(A1:C6)",然后按 Ctrl+Shift+Enter 组合键。在 A8：F10 单元格区域中,系统会自动将表中原有的纵向数据转换为横向显示的数据,从而完成转换数据区域的操作,如图 5-28 所示。

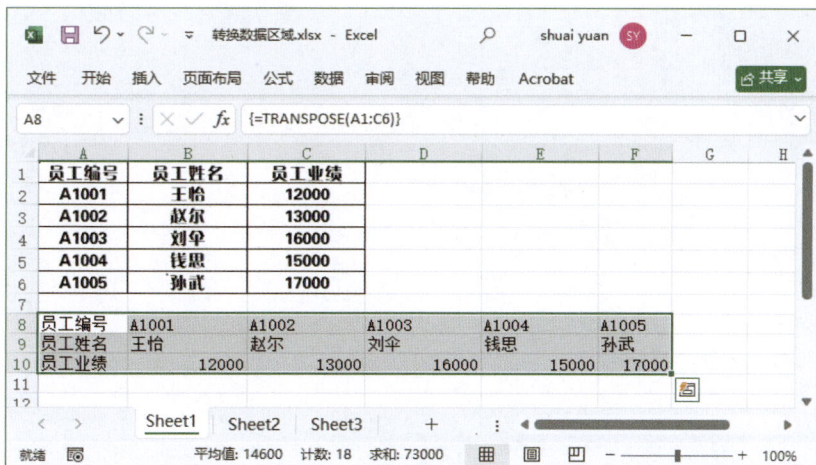

图 5-28

知识拓展 ▪▪▪▪ ▪

　　在使用 TRANSPOSE 函数转换数据区域时，用户需注意，如果被转换的数据中，包含日期格式的数据，需要将转换目标单元格区域中的单元格设置为日期格式，否则，在使用 TRANSPOSE 函数转换数据后，返回的日期结果可能会显示为序列号。

第 **6** 章

用手机扫描二维码
获取本章学习素材

分析日期和时间

**本章知识
要点**

◎ 返回日期和时间
◎ 计算日期
◎ 转换文本日期与文本时间
◎ AI办公——使用WPS AI计算员工工龄
◎ 不加班问答实录

**本章主要
内容**

　　本章主要介绍了分析日期和时间的相关知识和技巧，主要内容包括返回日期和时间、计算日期、转换文本日期与文本时间，最后还介绍了使用WPS AI计算员工工龄的操作和一些常见的Excel日期和时间函数问题。

6.1 返回日期和时间

日期和时间函数是用于在公式中分析和处理日期值和时间值的函数。除了文本和数值数据外，日期和时间数据也是用户在日常工作中经常处理的数据类型。本节将详细介绍日期数据与日期函数的相关知识及其应用示例。

6.1.1 返回当前日期与时间

NOW 函数，是指返回当前日期和时间的序列号。本例使用 NOW 函数计算当前日期和时间。打开素材文件"NOW 函数 .xlsx"，在 A2 单元格中输入公式"=TEXT(NOW(),"m 月 d 日 h:m:s")"，然后按下键盘上的 Enter 键，即可显示出当前的日期和时间，如图 6-1 所示。

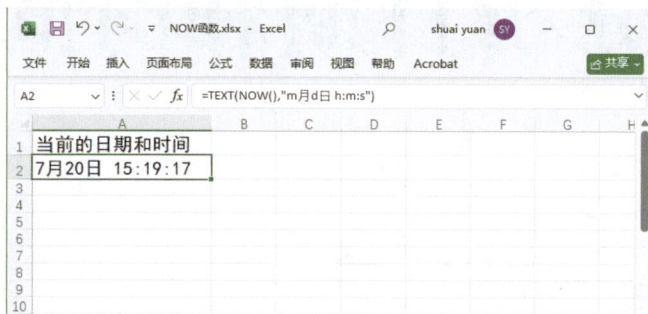

图 6-1

知识拓展 ■■■

当需要在工作表上显示当前日期和时间，或者需要根据当前日期和时间计算一个值，并在每次打开工作表时更新该值时，应使用 NOW 函数。用户可以使用 Ctrl+; 快捷键快速输入当前日期，使用 Ctrl+Shift+; 组合键快速输入当前时间。

NOW 函数的语法结构如下：

```
NOW()
```

该函数没有参数，但必须要有 ()。如果括号中输入任何参数，将会返回错误值。

6.1.2 返回当前的日期

TODAY 函数，是指返回当前日期的序列号。以下是一个使用 TODAY 函数推算春节倒计时的示例。

假设已知 2025 年的春节为 1 月 29 日，选择 F8 单元格，在编辑栏中输入公式"="

2025-01-29"-TODAY()",并按 Enter 键,系统会在 F8 单元格内自动计算出距离春节的天数,从而完成春节倒计时的推算,如图 6-2 所示。

图 6-2

知识拓展

在计算倒计时的时候,系统有时会以日期的格式显示计算结果。这是因为系统在计算时将单元格格式设置成了"日期"格式。用户可以通过将该单元格格式设置为"常规"来解决这个问题。

TODAY 函数的语法结构如下:

TODAY()

该函数没有参数,但必须要有 ()。如果在括号中输入任何参数,将会返回错误值。

6.1.3 计算已知第几天对应的日期

DATE 函数,是指返回表示特定日期的连续序列号。如果已知一年中的具体天数,可以使用 DATE 函数来计算对应的日期,下面具体介绍其操作步骤。

<< 扫码获取配套视频课程。

第1步 打开素材文件"DATE 函数 .xlsx",选中 B2 单元格,在编辑栏中输入公式"=DATE(2024,1,A2)"。按下键盘上的 Enter 键,即可计算出 2024 年第 10 天对应的日期,如图 6-3 所示。

第2步 将鼠标指针移动到 B2 单元格的右下角,当鼠标指针变成"十"字形状时,单击鼠标左键并拖动至 B8 单元格,然后释放鼠标,即可快速计算出第 N 天对应的日期,如图 6-4 所示。

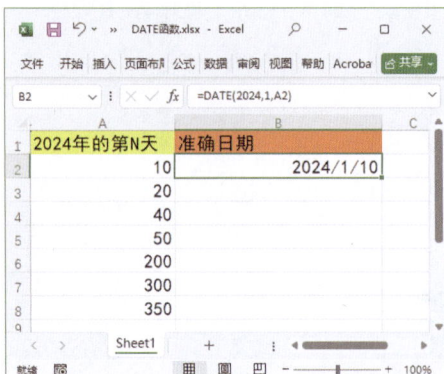

图 6-3

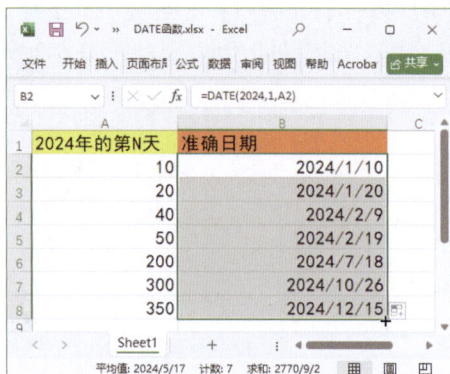

图 6-4

DATE 函数的语法结构如下：

```
DATE(year,month,day)
```

DATE 函数语法包括以下参数。

year(必需)：参数值可以包含一到四位数字。Excel 将根据计算机所使用的日期系统来解释 year 参数。在默认情况下，Microsoft Excel for Windows 使用 1900 日期系统，而 Microsoft Excel for Macintosh 使用 1904 日期系统。

➢ 如果 year 介于 0 到 1899 之间 (包括这两个值)，则 Excel 会将该值与 1900 相加来计算年份。例如，DATE(108,1,2) 将返回 2008 年 1 月 2 日 (1900+108)。

➢ 如果 year 介于 1900 到 9999 之间 (包括这两个值)，则 Excel 将使用该数值作为年份。例如，DATE(2016,1,2) 将返回 2016 年 1 月 2 日。

➢ 如果 year 小于 0 或大于等于 10000，则 Excel 将返回错误值 #NUM!。

month(必需)：一个正整数或负整数，表示一年中从 1 月至 12 月的各个月。

➢ 如果 month 大于 12，则 month 从指定年份的 1 月份开始累加该月份数。例如，DATE(2008,14,2) 返回表示 2009 年 2 月 2 日的序列号。

➢ 如果 month 小于 1，则 month 从指定年份的 1 月份开始递减该月份数，然后再加上 1 个月。例如，DATE(2008,-3,2) 返回表示 2007 年 9 月 2 日的序列号。

day(必需)：一个正整数或负整数，表示 1 月中从 1 日到 31 日的每一天。

➢ 如果 day 大于指定月份的天数，则 day 从指定月份的第一天开始累加该天数。例如，DATE(2008,1,35) 返回表示 2008 年 2 月 4 日的序列号。

➢ 如果 day 小于 1，则 day 从指定月份的第一天开始递减该天数，然后再加上 1 天。例如，DATE(2008,1,-15) 返回表示 2007 年 12 月 16 日的序列号。

知识拓展

DATE 函数可以与文本函数 TEXT 嵌套使用，将日期转换成所需的格式。

6.1.4 计算指定促销时间后的结束时间

TIME 函数，是指返回某一特定时间的小数值。本例详细介绍使用 TIME 函数计算指定促销时间后的结束时间的操作方法。假设某店铺计划在一天的不同时间段进行促销活动，开始时间不同，但促销时间均为两小时 30 分钟，利用时间函数可以求出每个促销商品的结束时间。

<< 扫码获取配套视频课程。

第 1 步 打开素材文件 "TIME 函数 .xlsx"，选中 C2 单元格，在编辑栏中输入公式 "=B2+TIME(2,30,0)"。按 Enter 键，即可计算出第一件商品的促销结束时间，如图 6-5 所示。

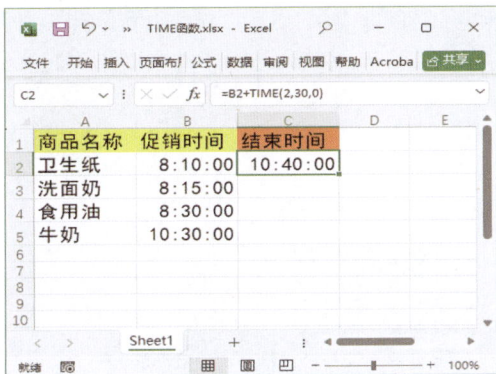

第 2 步 将鼠标指针指向 C2 单元格的右下角，当鼠标指针变成 "十" 字形状后，按住鼠标左键向下拖动进行公式填充，即可依次返回各促销商品的结束时间，如图 6-6 所示。

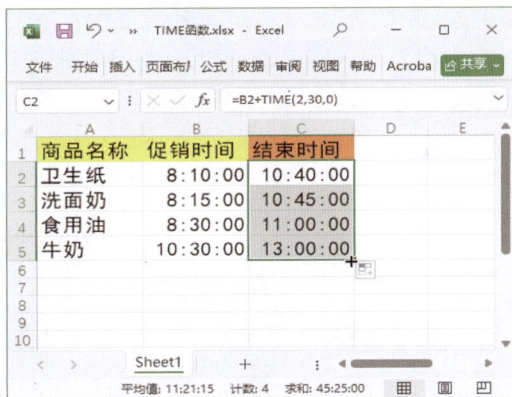

图 6-5

图 6-6

TIME 函数的语法结构如下：

```
TIME(hour, minute, second)
```

TIME 函数语法包括以下参数。

➢ hour（必需）：0 到 32767 之间的数值，代表小时。任何大于 23 的数值将除以 24，其余数将视为小时。

➢ minute（必需）：0 到 32767 之间的数值，代表分钟。任何大于 59 的数值将被转换为小时和分钟。

second（必需）：0 到 32767 之间的数值，代表秒。任何大于 59 的数值将被转换为小时、分钟和秒。

知识拓展 ■ ■ ■

TIME 函数的返回值为一个小数，其值在 0 到 0.99999999 之间，表示从 0:00:00（午夜 12 点）到 23:59:59（午夜 11 点 59 分 59 秒）之间的时间。

6.1.5 提取员工的入职年份

YEAR 函数用于返回某个日期对应的年份，返回值为 1900 ～ 9999 的整数。本例使用 YEAR 函数提取员工入职年份，下面详细介绍其操作步骤。

<< 扫码获取配套视频课程。

第 1 步 打开素材文件"YEAR 函数 .xlsx"，选中 C2 单元格，在编辑栏中输入公式"=YEAR(B2)"。按 Enter 键，即可从入职时间中提取第 1 名员工的入职年份，如图 6-7 所示。

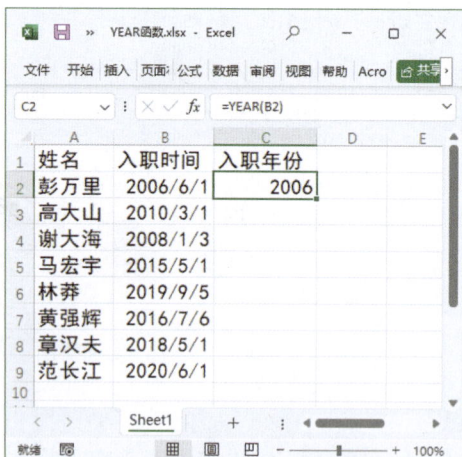

第 2 步 将鼠标指针指向 C2 单元格的右下角，当鼠标指针变成"十"字形状后，按住鼠标左键向下拖动进行公式填充，即可依次提取出所有员工的入职年份，如图 6-8 所示。

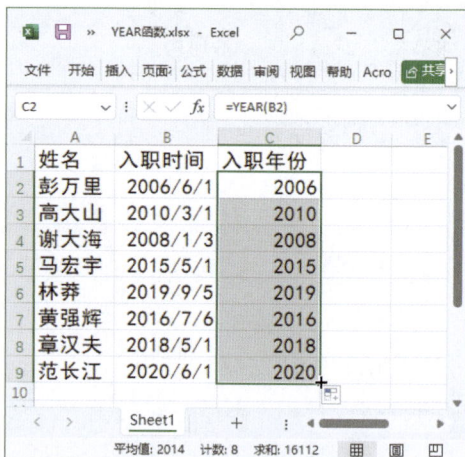

图 6-7

图 6-8

YEAR 函数的语法结构如下：

```
YEAR(serial_number)
```

YEAR 函数语法的参数如下：

serial_number：一个日期值，包含要查找的年份。日期有多种输入方式：带引号的文本串（例如 "2020/01/30"）、序列数（例如，如果使用 1900 日期系统，则 35825 表示 1998 年 1 月 30 日）或其他公式或函数的结果。

知识拓展

使用 YEAR 函数时，如果参数 serial_number 为日期以外的文本，则将返回错误值 #VALUE。

6.1.6 返回指定日期对应的星期数

WEEKDAY 函数，是指返回某个日期是星期几，在默认情况下，其值为 1（星期天）到 7（星期六）之间的整数。在工作中，如果需要计算值日表中的星期值，可以通过 WEEKDAY 函数来完成，下面详细介绍其操作步骤。

<< 扫码获取配套视频课程。

第1步 打开素材文件 "WEEKDAY 函数 .xlsx"，选中 C2 单元格，在编辑栏中输入公式 "=WEEKDAY($B2,2)"。按 Enter 键，系统会在 C2 单元格内计算出该人员的值日时间对应的星期值，如图 6-9 所示。

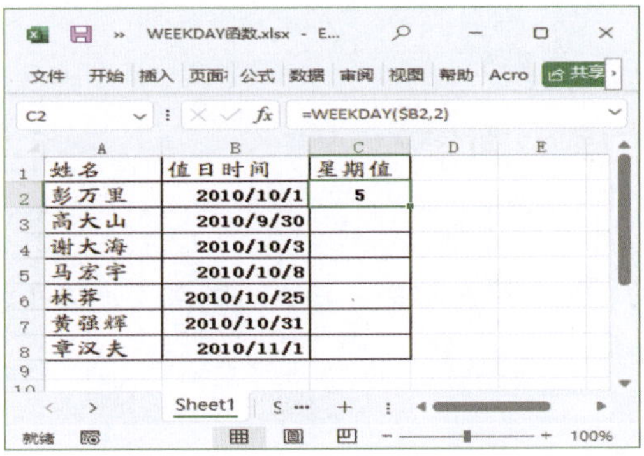

第2步 将鼠标指针指向 C2 单元格的右下角，当鼠标指针变成"十"字形状后，按住鼠标左键向下拖动进行公式填充，即可返回其他人员指定日期的星期值，如图 6-10 所示。

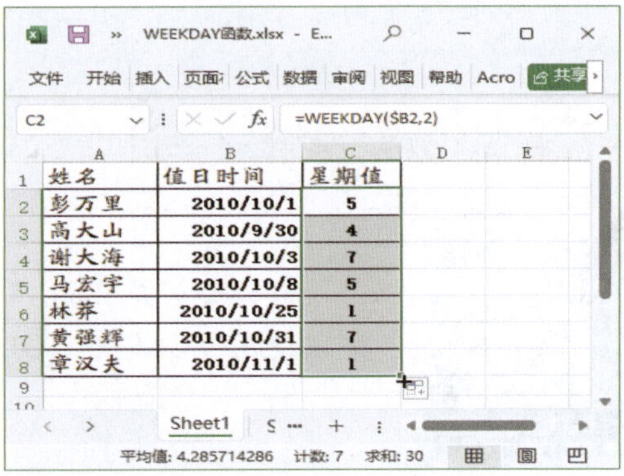

图 6-9

图 6-10

WEEKDAY 函数的语法结构如下：

```
WEEKDAY(serial_number,[return_type])
```

WEEKDAY 函数语法包括以下参数。

➢ serial_number（必需）：一个序列号，代表尝试查找的那一天的日期。

➢ return_type（可选）：用于确定返回值类型的数字。表 6-1 所示为 return_type 返回值类型说明。

表 6-1　return_type 返回值类型说明

函　　数	功　　能
return_type	返回值
1 或省略	数字 1(星期日) 到数字 7(星期六)
2	数字 1(星期一) 到数字 7(星期日)
3	数字 0(星期一) 到数字 6(星期日)
11	数字 1(星期一) 到数字 7(星期日)
12	数字 1(星期二) 到数字 7(星期一)
13	数字 1(星期三) 到数字 7(星期二)
14	数字 1(星期四) 到数字 7(星期三)
15	数字 1(星期五) 到数字 7(星期四)
16	数字 1(星期六) 到数字 7(星期五)
17	数字 1(星期日) 到数字 7(星期六)

知识拓展 ■□□

在 Excel 中，日期会被存储为可用于计算的序列数。默认设定下，1900 年 1 月 1 日对应的序列号是 1。例如，2008 年 1 月 1 日的序列号为 39448，这是由于从 1900 年 1 月 1 日到 2008 年 1 月 1 日刚好间隔了 39448 天。

6.1.7　早做完秘籍——计算公司成立多少周年

假设公司是 2006 年成立的，如果用户想要计算公司成立多少周年，可以使用 YEAR 和 TODAY 函数。

<< 扫码获取配套视频课程。

打开素材文件"计算公司成立周年 .xlsx"，选中 C2 单元格，在编辑栏中输入公式"=YEAR(TODAY())-A2"，按 Enter 键，即可计算出公司成立多少周年，如图 6-11 所示。

知识拓展

在本例公式中，利用 TODAY 函数产生当前系统日期序列，再利用 YEAR 函数计算其年份，最后用当前年份减去公司成立时间，计算出成立周年。

图 6-11

6.1.8 早做完秘籍——统计即将到期的订单数量

在本例中，假设公司要求统计距离到期日期小于 7 天的订单数量，可以使用 TODAY 函数配合 COUNTIF 函数进行计算。

<< 扫码获取配套视频课程。

打开素材文件"订单 .xlsx"，选择 C2 单元格，在编辑栏中输入公式"=COUNTIF(B2:B8,"<"&(TODAY()+7))"，按 Enter 键，即可统计出即将到期的订单数量，如图 6-12 所示。

图 6-12

> 📖 **知识拓展** ▪ ▫ ▫ ▫
>
> 在上述公式中，利用 TODAY 函数计算当前系统日期，假设当前日期为 2024/7/21。然后通过 COUNTIF 函数统计 B2:B8 单元格区域中小于当前系统日期加上 7 天的订单数量。

6.2 计算日期

在 Excel 中，数据类型主要分为数值、文本和公式三类。日期属于数值类型的一种，用户可以对其进行各种处理。本节将介绍一些常用日期函数的应用实例。

6.2.1 计算两个日期之间的年数、月数和天数

DATEDIF 函数用于计算两个日期之间的年数、月数和天数。本例使用 DATEDIF 函数来计算设备的工作天数和月数，下面详细介绍其操作步骤。

<< 扫码获取配套视频课程。

第 1 步 打开素材文件 "DATEDIF 函数 .xlsx"，选中 E2 单元格，在编辑栏中输入公式 "=DATEDIF(C2,D2,"D")"，按 Enter 键，即可计算出工作天数，并将公式向下填充，如图 6-13 所示。

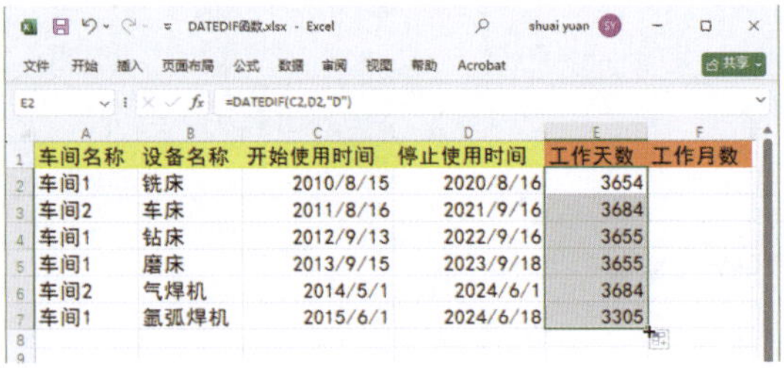

第 2 步 选择 F2 单元格，输入公式 "=DATEDIF(C2,D2,"M")"，按 Enter 键，即可计算出工作月数，并将公式向下填充，如图 6-14 所示。

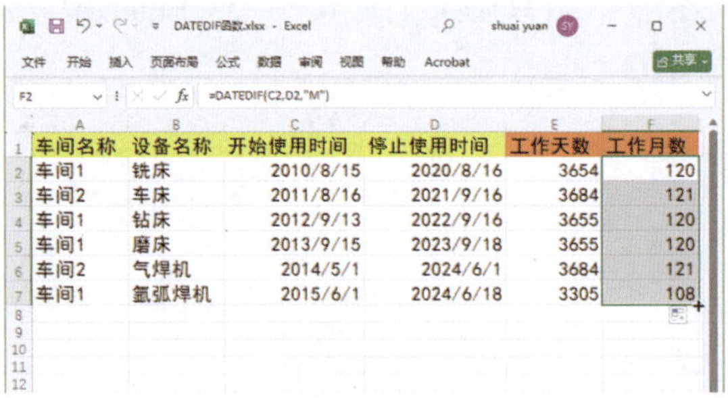

图 6-13

图 6-14

DATEDIF 函数的语法结构如下：

```
DATEDIF(start_date,end_date,unit)
```

DATEDIF 函数语法包括以下参数。

➢ start_date(必需)：表示开始日期，可以是日期序列号、日期文本或单元格引用。

➤ end_date(必需)：表示结束日期，可以是日期序列号、日期文本或单元格引用。

➤ unit(必需)：表示计算的时间单位，表 6-2 列出了 unit 参数的取值及其说明。

表 6-2　unit 参数的取值及其说明

函　数	说　明
y	开始日期和结束日期之间的年数
m	开始日期和结束日期之间的月数
d	开始日期和结束日期之间的天数
ym	开始日期和结束日期之间的月数（日期中的年和日都被忽略）
yd	开始日期和结束日期之间的天数（日期中的年被忽略）
md	开始日期和结束日期之间的天数（日期中的年和月被忽略）

知识拓展

start-date 和 end-date 参数表示的日期应该按照标准日期格式输入，或者使用 DATE、NOW、TODAY 等函数输入。如果日期以非标准日期格式的文本形式输入，DATEDIF 函数将返回错误值"#VALUE!"。

6.2.2　按照一年 360 天的算法计算两个日期之间相差的天数

DAYS360 函数用于按照一年 360 天的算法 (即每个月以 30 天计，一年共计 12 个月) 返回两个日期之间相差的天数。这在一些会计计算中将会用到，如果会计系统基于一年 12 个月，每月 30 天，可以使用此函数来帮助计算款项支付。

DAYS360 函数可以按照一年 360 天的算法计算出两个日期之间的天数，下面详细介绍其操作方法。

打开素材文件"DAYS360 函数 .xlsx"，在工作表的 A2 和 A3 单元格中输入将要计算的两个日期。在 B2 单元格中输入公式"=DAYS360(A2,A3)"，然后按下 Enter 键，即可按照一年 360 天的算法计算出 2024/3/6 与 2024/7/21 之间的天数，如图 6-15 所示。

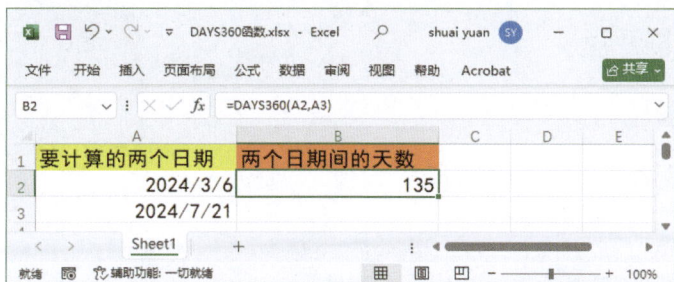

图 6-15

DAYS360 函数的语法结构如下：

```
DAYS360(start_date,end_date,[method])
```

DAYS360 函数语法包括以下参数。

➤ start_date, end_date（ 必需 ）：要计算的天数期间的起始日期和结束日期。

➤ method（ 可选 ）：一个逻辑值，用于指定在计算中是采用欧洲方法还是美国方法。

6.2.3 计算间隔指定月份数后的日期

EDATE 函数用于计算指定月数之前或之后的日期。本例使用 EDATE 函数根据借款日期和借款期限计算最后还款日期，下面详细介绍其操作步骤。

<< 扫码获取配套视频课程。

第 1 步 打开素材文件 "EDATE 函数 .xlsx"，选中 D2 单元格，在编辑栏中输入公式 "=EDATE(B2,C2)"，按 Enter 键，即可计算出日期序列号，如图 6-16 所示。

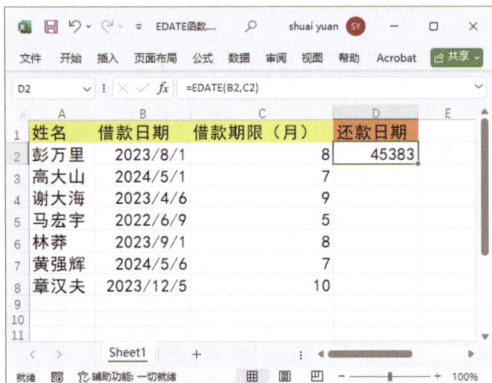

第 2 步 再次选择 D2 单元格，在【开始】选项卡中单击【数字】下拉按钮，在弹出的列表中选择【短日期】选项，将 D2 单元格设置为【日期】格式，然后将公式向下填充，如图 6-17 所示。

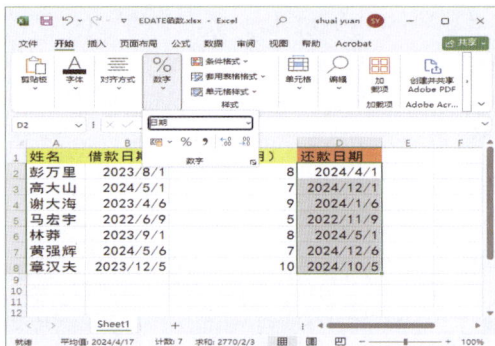

图 6-16

图 6-17

知识拓展 ■ ■ ■

由于 EDATE 函数返回的是日期序列号，因此需要将公式所在单元格区域的数字格式修改为 "日期" 格式才能正确显示。

EDATE 函数的语法结构如下：

```
EDATE(start_date,months)
```

EDATE 函数语法包括以下参数。

➤ start-date(必需)：表示开始日期，可以是日期序列号、日期文本或单元格引用。

➤ months(必需)：表示开始日期之前或之后的月数，正数表示未来几个月，负数表示过去几个月。

6.2.4 计算从开始到结束日所经过的天数占全年天数的百分比

YEARFRAC 函数用于计算从开始日到结束日所经过的天数占全年天数的比例。本例使用 YEARFRAC 函数计算请假天数占全年天数的百分比，以下详细介绍其操作步骤。

<< 扫码获取配套视频课程。

第 1 步 打开素材文件 "YEARFRAC 函数 .xlsx"，选中 D2 单元格，在编辑栏中输入公式 "=YEARFRAC(B2,C2,3)"，按 Enter 键，即可计算出该员工请假天数占全年天数的百分比，向下填充公式，即可依次计算出所有员工请假天数占全年天数的百分比，如图 6-18 所示。

图 6-18

第 2 步 选中计算结果单元格区域并右击，在弹出的快捷菜单中选择【设置单元格格式】命令，如图 6-19 所示。

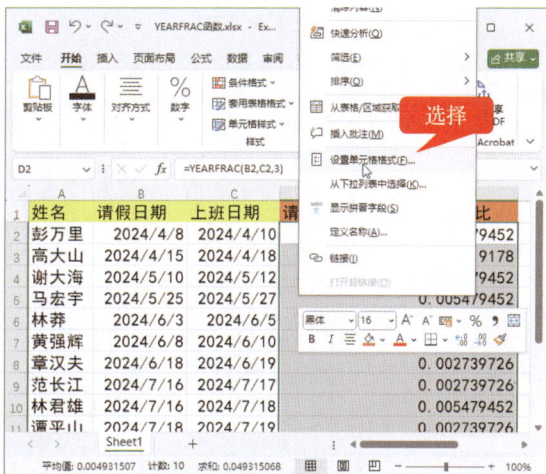

图 6-19

第 3 步 弹出【设置单元格格式】对话框，① 选择【数字】选项卡下【分类】区域中的【百分比】选项；② 单击【确定】按钮，如图 6-20 所示。

第 4 步 返回到工作表中，可以看到计算出的结果区域已经以百分比的形式显示出来，这样即可完成使用 YEARFRAC 函数计算请假天数占全年天数百分比的操作，如图 6-21 所示。

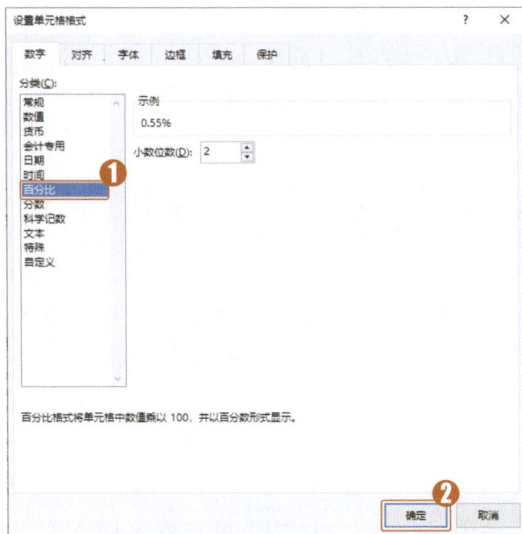

图 6-20

图 6-21

YEARFRAC 函数的语法结构如下：

`YEARFRAC(start_date,end_date,[basis])`

YEARFRAC 函数语法包括以下参数。

➤ start-date(必需)：表示开始日期，可以是日期序列号、日期文本或单元格引用。
➤ end-date(必需)：表示结束日期，可以是日期序列号、日期文本或单元格引用。
➤ basis(可选)：表示日计数基准类型。表 6-3 列出了 basis 参数的取值及其说明。

表 6-3　basis 参数的取值及其说明

basis 参数	说　明
0 或默认	US(NASD)30/360，一年以 360 天为准，用 NASD 方式计算
1	实际天数 / 该年的实际天数，用实际天数除以该年的实际天数，即 365 天或 366 天
2	实际天数 /360，用实际天数除以 360
3	实际天数 /365，用实际天数除以 365
4	欧洲 30/360，一年以 360 天为准，用欧洲方式计算

6.2.5　早做完秘籍——设置合同到期提醒

公司不同员工签订的合同时间各不相同，为了能够及时续约，用户可以将 EDATE 函数与其他函数嵌套使用，设置在合同到期前 7 天的提示，如图 6-22 所示，以下介绍具体操作步骤。

<< 扫码获取配套视频课程。

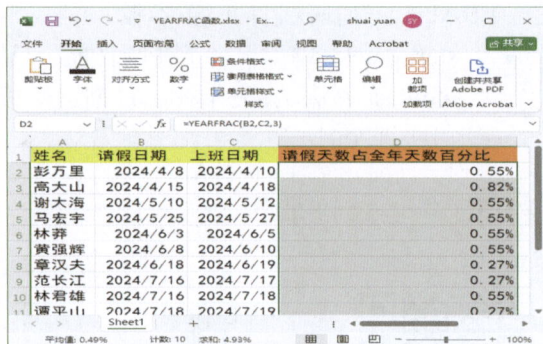

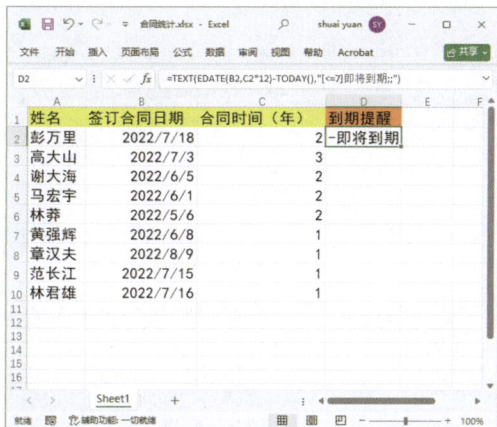

图 6-22

第 1 步 打开素材文件"合同统计 .xlsx"，选中 D2 单元格，在编辑栏中输入公式"=TEXT(EDATE(B2,C2*12)-TODAY(),"[＜=7]即将到期 ;;")"，按 Enter 键，如果离合同到期日超过 7 天，则显示空白; 如果在 7 天以内，则显示"即将到期"，如图 6-23 所示。

第 2 步 将鼠标指针指向 D2 单元格的右下角，当鼠标指针变成"十"字形状后，按住鼠标左键向下拖动进行公式填充，即可为其他员工设置合同到期前 7 天提示"即将到期"的操作，如图 6-24 所示。

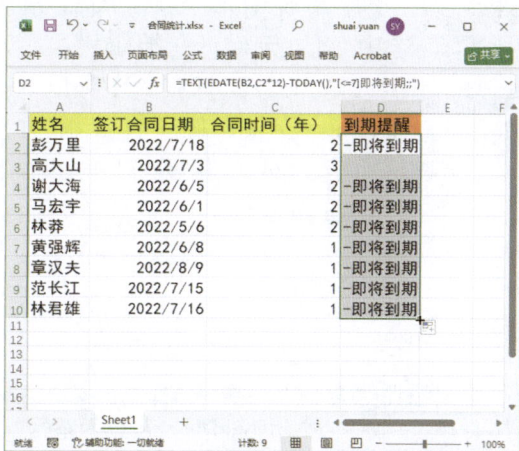

图 6-23

图 6-24

知识拓展

本例中，公式利用 EDATE 函数计算合同到期日，再减去当天的日期序列值 (例如 2024/7/21)，然后用 TEXT 函数根据条件返回不同的字符串。参数 "[<=7] 即将到期 ;;" 表示当差值小于或等于 7 时显示"即将到期"，其他情况下则显示空白。

6.3 转换文本日期与文本时间

在工作中，有时接收到的表格中的日期是文本格式，这可能导致无法按月汇总或对日期进行判断（如星期、周等）。此时，需要将这类文本型日期转换为可识别的日期格式。文本日期与文本时间的转换可以通过使用特定的函数或方法来实现。

6.3.1 计算展品的陈列天数

DATEVALUE 函数可将存储为文本的日期转换为 Excel 识别的日期序列号。本例使用 DATEVALUE 函数计算展品的陈列天数，下面详细介绍其操作步骤。

<< 扫码获取配套视频课程。

第1步 打开素材文件"DATEVALUE 函数.xlsx"，选中 C4 单元格，在编辑栏中输入公式"=DATEVALUE("2024-12-31")-B4"。按下键盘上的 Enter 键，即可计算出 B4 单元格上架日期至 2024 年 12 月 31 日的陈列天数，如图 6-25 所示。

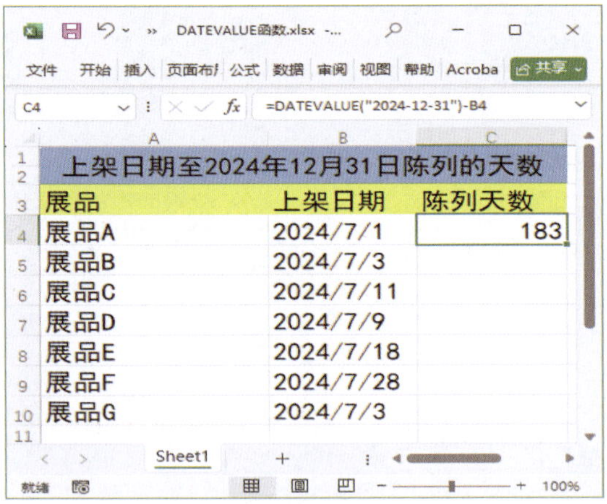

图 6-25

第2步 将鼠标指针移动到 C4 单元格的右下角，当鼠标指针变成"十"字形状时，单击鼠标左键并拖动至 C10 单元格，然后释放鼠标，即可批量求取各展品的陈列天数，如图 6-26 所示。

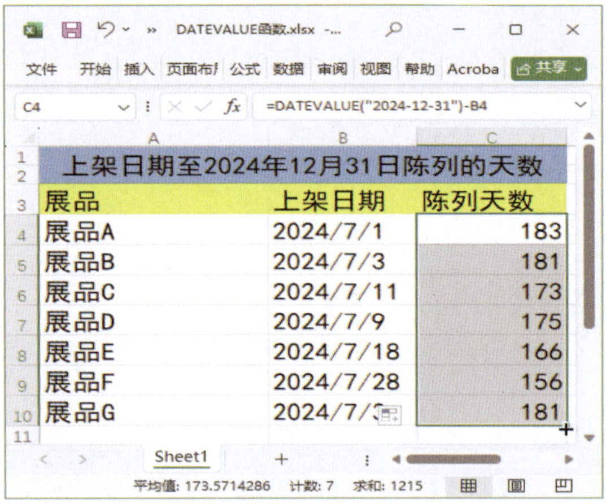

图 6-26

DATEVALUE 函数的语法结构如下：

```
DATEVALUE(date_text)
```

DATEVALUE 函数语法包括以下参数。

date_text(必需)：表示 Excel 日期格式的日期文本，或者是对表示 Excel 日期格式的日期文本所在单元格的引用。

在使用 Microsoft Excel for Windows 中的默认日期系统时，参数 date_text 必须表示 1900 年 1 月 1 日到 9999 年 12 月 31 日之间的某个日期。

在使用 Excel for Macintosh 中的默认日期系统时，参数 date_text 必须表示 1904 年 1 月 1 日到 9999 年 12 月 31 日之间的某个日期。

如果参数 date_text 的值超出上述范围，则函数 DATEVALUE 将返回错误值 #VALUE！。

6.3.2 根据下班打卡时间计算加班时间

TIMEVALUE 函数用于返回由文本字符串所代表的小数值。本例表格记录了某日几名员工的下班打卡时间，正常下班时间为 17 点 30 分，根据下班打卡时间，可以计算出员工的加班时长。由于下班打卡时间是文本形式，因此在进行时间计算时需要使用 TIMEVALUE 函数进行转换。

<< 扫码获取配套视频课程。

第 1 步 打开素材文件 "TIMEVALUE 函数 .xlsx"，选中 C2 单元格，在编辑栏中输入公式 "=B2-TIMEVALUE("17:30")"。按 Enter 键，即可计算出第 1 名员工的加班时间，如图 6-27 所示。

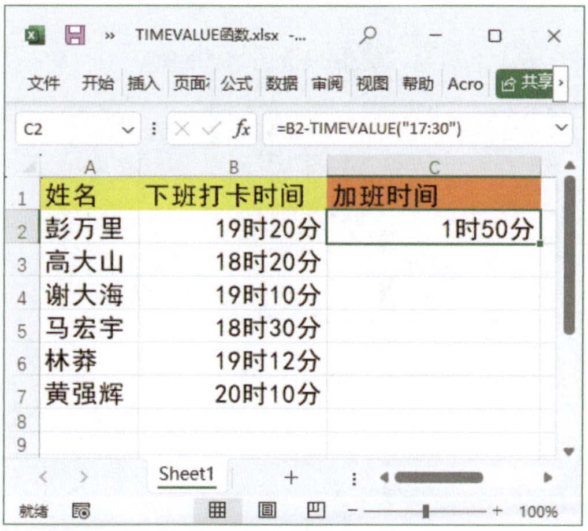

第 2 步 将鼠标指针移动到 C2 单元格的右下角，当鼠标指针变成 "十" 字形状时，单击鼠标左键并拖动至 C7 单元格，然后释放鼠标，即可批量计算出其他员工的加班时间，如图 6-28 所示。

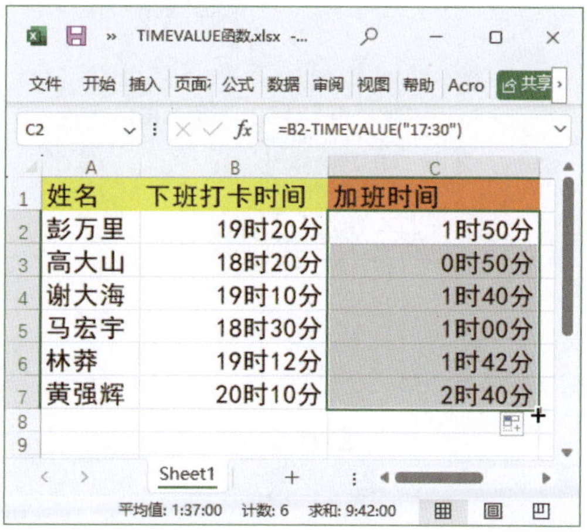

图 6-27

图 6-28

TIMEVALUE 的语法结构如下：

`TIMEVALUE(time_text)`

TIMEVALUE 函数语法包括以下参数。

time_text(必需)：一个文本字符串，代表以任意一种 Microsoft Excel 时间格式表示的时间。

6.3.3 早做完秘籍——计算加班费用

本例工作表中提供了员工的加班时间，需要计算出每个员工的加班费用。加班费的计算条件是每小时 80 元。以下面详细介绍其操作步骤。

<< 扫码获取配套视频课程。

第 1 步 打开素材文件"加班费用 .xlsx"，选中 D2 单元格，在编辑栏中输入公式"=ROUND(TIMEVALUE(SUBSTITUTE(SUBSTITUTE(C2,"分钟", ""), "小时", ":"))*24*80,0)"。按 Enter 键，即可计算出第 1 名员工的加班费用，如图 6-29 所示。

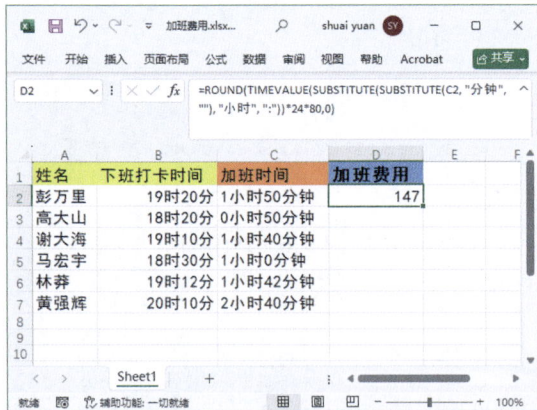

第 2 步 将鼠标指针移动到 D2 单元格的右下角，当鼠标指针变成"十"字形状时，单击鼠标左键并拖动至 D7 单元格，然后释放鼠标，即可计算每个员工的加班费用，如图 6-30 所示。

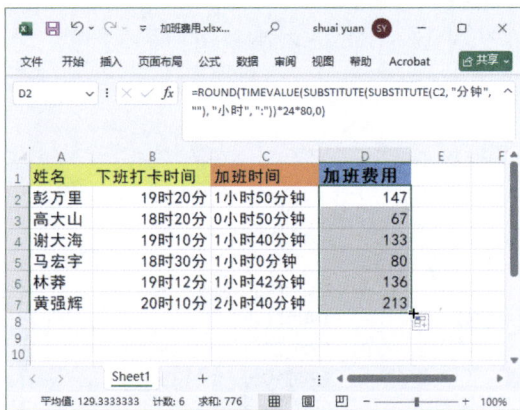

图 6-29

图 6-30

知识拓展 ◼️▫️▫️

本例中，由于 C 列的时间是文本格式且包含"小时"和"分钟"文字，因此不能直接使用 TIMEVALUE 函数将其转换为可用于计算的时间。所以需要先使用一个 SUBSTITUTE 函数将"分钟"替换为空，然后使用另一个 SUBSTITUTE 函数将"小时"替换为"："，接着使用 TIMEVALUE 函数将文本格式的时间转换为可以进行计算的时间，再乘以 24 将其转换为小时数，最后乘以 80 并使用 ROUND 函数进行取整即可。

6.4 AI 办公——使用 WPS AI 计算员工工龄

本例是员工入职日期统计表，表格中有员工的姓名、入职日期以及计算日期等，需要计算出员工的工龄。可以根据员工的入职日期以及计算日期来准确计算出员工的工龄，以下是使用 WPS AI 计算员工工龄的操作步骤。

<< 扫码获取配套视频课程。

第1步 启动 WPS Office 软件，打开素材文件"计算员工工龄 .xlsx"，选择 C3 单元格，❶ 单击【WPS AI】菜单；❷ 选择【AI 写公式】菜单项，如图 6-31 所示。

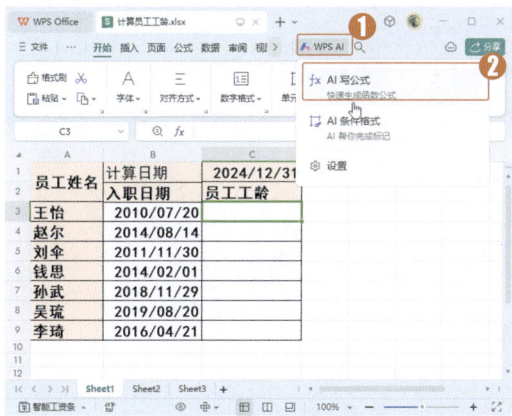

图 6-31

第2步 系统会弹出一个指令输入框，在其中输入指令"计算 \$B3 单元格中的日期到 \$C\$1 单元格中的日期之间的月份差，然后将其除以 12 并四舍五入保留整数部分"，按 Enter 键，如图 6-32 所示。

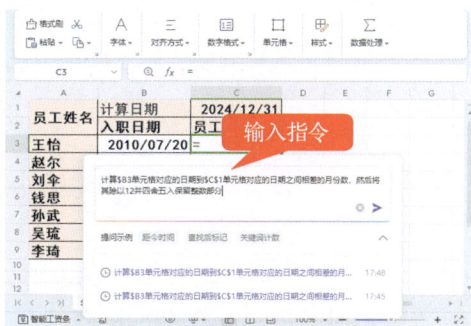

图 6-32

第3步 系统正在解析指令，用户需要在线等待一段时间，如图 6-33 所示。

第4步 在指令输入框中会显示出公式结果，用户可以检查该公式是否为自己想要的，确认无误后，单击【完成】按钮，如图 6-34 所示。

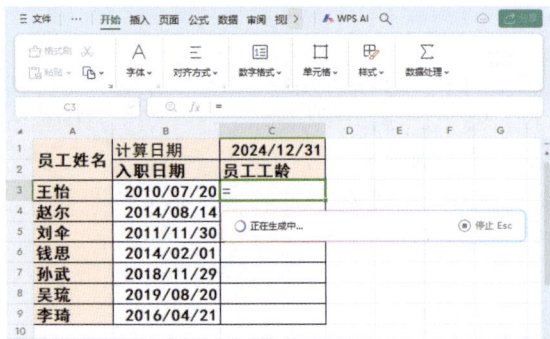

图 6-33

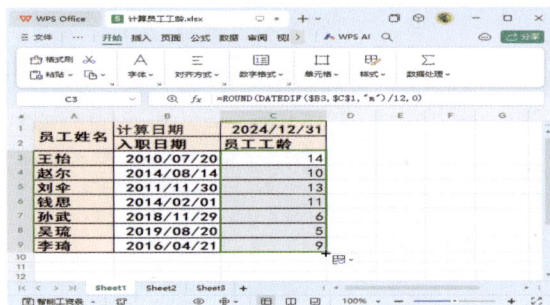

图 6-34

第 5 步 将鼠标指针移动到 C3 单元格的右下角，当鼠标指针变成"十"字形状时，向下拖动填充公式，即可完成计算员工工龄的操作，如图 6-35 所示。

第 6 步 WPS AI 显示公式结果后，用户还可以单击【对公式的解释】折叠按钮 ，展开查看本例【公式意义】、【函数解释】以及【参数解释】等详细信息，如图 6-36 所示。

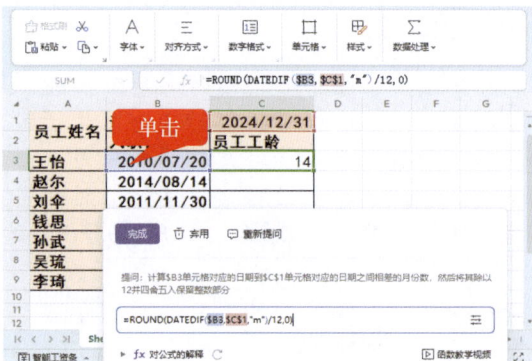

图 6-35

图 6-36

6.5 不加班问答实录

6.5.1 如何求两个日期之间的工作日

使用 NETWORKDAYS 函数可以计算两个日期之间的工作日数值。工作日不包括周末和专门指定的假期。根据工作日数量可合理安排工作。例如，用以下公式计算 2007 年 1 月

的工作日为 23 天。公式为

"=NETWORKDAYS(DATEVALUE("2007-1-1"), DATEVALUE("2007-1-31"))"

6.5.2 如何确定最近的星期日日期

每周有 7 天，可以使用 MOD 函数来方便地处理与星期相关的公式。例如，可以返回最近的星期日日期的公式为 "=TODAY()-MOD(TODAY()-1，7)"。将单元格格式设置为 "日期" 格式后，即可显示最近的星期日日期。

6.5.3 如何求两个日期之间有几个星期

计算两个日期之间有几个星期，可分多种情况，例如，两个日期之间有几个星期日，有几个星期一，等等。假设 A1 单元格为开始日期，A2 单元格为结束日期，则各种情况的公式分别如下。

星期日： "=INT((WEEKDAY(A1-0,2)+A2-A1)/7"

星期一： "=INT((WEEKDAY(A1-1,2)+A2-A1)/7"

星期二： "=INT((WEEKDAY(A1-2,2)+A2-A1)/7"

星期三： "=INT((WEEKDAY(A1-3,2)+A2-A1)/7"

星期四： "=INT((WEEKDAY(A1-4,2)+A2-A1)/7"

星期五： "=INT((WEEKDAY(A1-5,2)+A2-A1)/7"

星期六： "=INT((WEEKDAY(A1-6,2)+A2-A1)/7"

6.5.4 如何求季度

季度与月份相对应，通常知道月份后很快就可以计算出该月属于哪个季度，在一些报表中，可能需要自动计算当前日期所在的季度数，可以使用以下公式计算：

"=ROUNDUP(MONTH(B2)/3,0)"

B2 单元格中保存着日期，公式使用 MONTH 函数提取日期的月份，然后除以 3，再进行四舍五入得到 1~4 中的某个值，代表季度数。

第 **7** 章

用手机扫描二维码
获取本章学习素材

财务管理与应用

**本章知识
要点**

◎ 计算本金与利息
◎ 计算投资与收益率
◎ 资产折旧
◎ 证券与金融
◎ AI办公——使用WPS AI计算每年折旧额
◎ 不加班问答实录

**本章主要
内容**

本章主要介绍财务管理与应用的相关知识和技巧，主要内容包括计算本金与利息、计算投资与收益率、资产折旧、证券与金融。最后，介绍使用WPS AI计算每年折旧额的操作和一些常见的Excel公式问题解答。

7.1 计算本金与利息

企业要发展，仅靠自有资金通常是不够的，还需要通过向银行贷款等多种渠道筹备资金。如果企业向银行贷款，可以通过使用本金和利息函数来更加方便地计算，从而选择最佳的贷款方案。本节将介绍本金和利息函数的相关知识及应用案例。

7.1.1 计算贷款的分期付款额

PMT 函数用于计算基于固定利率及等额分期付款方式下贷款的每期付款额。在条件充足的情况下，利用 PMT 函数可以快速方便地计算贷款的分期付款额，下面详细介绍其操作方法。

打开本例的素材文件"PMT 函数 .xlsx"，选择 B5 单元格，在编辑栏中输入公式"=PMT(B4/12,B3*12,B2)"，并按下键盘上的 Enter 键。在 B5 单元格中，系统会自动计算出每个月的分期付款额，通过以上方法即可完成计算贷款的每月分期付款额的操作，如图7-1 所示。

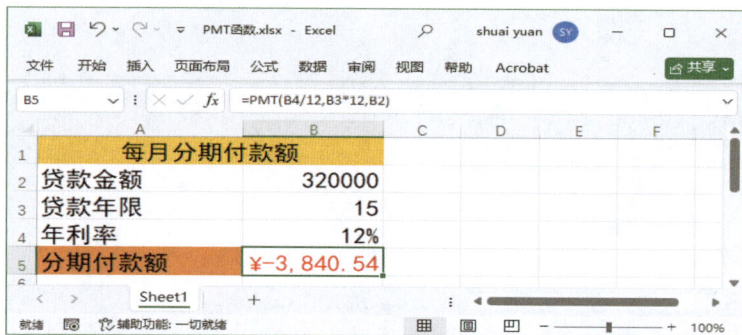

图 7-1

PMT 函数的语法结构如下：

```
PMT(rate, nper, pv, [fv], [type])
```

PMT 函数语法包括以下参数。

➤ rate(必需)：表示贷款利率。

➤ nper(必需)：表示该项贷款的付款总数。

➤ pv(必需)：表示现值，或一系列未来付款的当前值的累积和，也称为本金。

➤ fv(可选)：表示未来值，或在最后一次付款后希望得到的现金余额。如果省略 fv，则假设其值为 0(零)，即一笔贷款的未来值为 0。

➤ type(可选)：表示付款类型。使用数字 0 或 1，来指示各期的付款时间是在期初还是期末。

7.1.2 计算贷款指定期间的本金偿还额

PPMT 函数用于计算基于固定利率及等额分期付款方式下，投资在某一给定期间内的本金偿还额。本例中某人于 2023 年年底向银行贷款 120 万元，该银行的贷款月利率是 0.22%，要求月末还款，一年内还清贷款，计算此人每月应返还的本金额。

<< 扫码获取配套视频课程。

第 1 步 打开本例的素材文件 "PPMT 函数.xlsx"，选中 B7 单元格，输入公式 "=PPMT($B$2,A7,12,$B$1,0,0)"，然后按下键盘上的 Enter 键，即可计算出此人 1 月应还的本金金额，如图 7-2 所示。

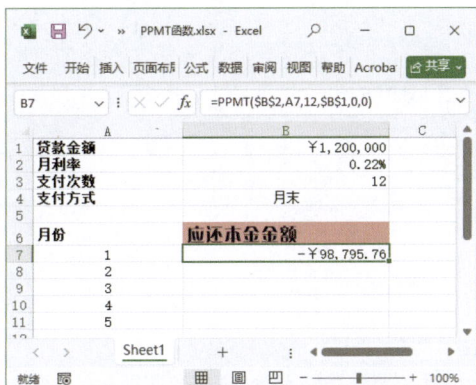

第 2 步 将单元格 B7 中的公式向下填充到 B11 单元格中，即可计算出其他月份的还款本金金额，如图 7-3 所示。

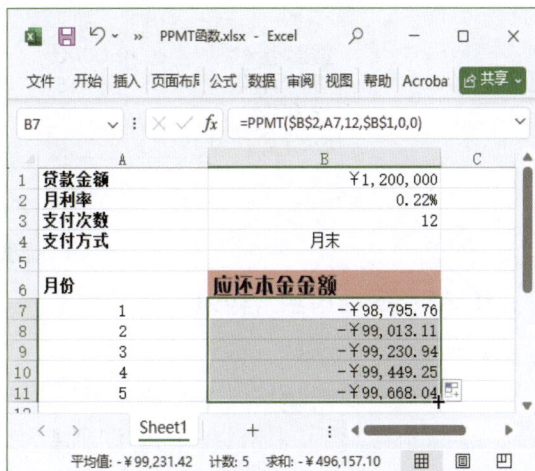

图 7-2

图 7-3

PPMT 函数的语法结构如下：

```
PPMT(rate,per,nper,pv,fv,type)
```

PPMT 函数语法包括以下参数。

➤ rate(必需)：表示贷款期间的固定利率。

➤ per(必需)：表示用于计算其利息数额的期数，即支付利息的次数，1 表示第一次支付。该参数值必须在 1 到 nper 参数值之间。

➤ nper(必需)：表示付款期的总数。

➤ pv(必需)：表示现值，即贷款的本金。

➤ fv(可选)：表示贷款的未来值。省略该参数时默认其值为 0。

➤ type(可选)：表示付款类型。如果在每周期的期初还贷，则以 1 表示；如果在每周期期末还贷，则以 0 表示。省略该参数时默认其值为 0。

7.1.3 计算每年偿还金额中有多少是利息

IPMT 函数可以计算在固定利率和等额分期付款方式下，特定期数内对投资的利息偿还额。在条件充分的情况下，利用 IPMT 函数可以快速方便地计算贷款在指定期间内的利息额支付，以下将详细介绍其操作方法。

选择 B5 单元格，在编辑栏中输入公式"=IPMT(B4/12,1,B3*12,B2)"，然后按下键盘上的 Enter 键。在 B5 单元格中，系统会自动计算出在指定期间内的利息额支付，通过以上方法即可完成计算贷款在指定期间内的支付利息的操作，如图 7-4 所示。

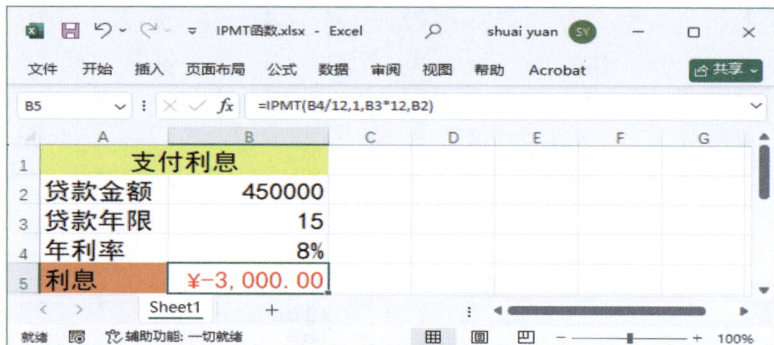

图 7-4

IPMT 函数的语法结构如下：

```
IPMT(rate, per, nper, pv, [fv], [type])
```

IPMT 函数语法包括以下参数。

➤ rate(必需)：表示贷款的各期利率。

➤ per(必需)：表示计算利息数额的期数，该值必须在 1 到 nper 之间。

➤ nper(必需)：表示年金的付款期的总数。

➤ pv(必需)：表示现值，即一系列未来付款的当前值的累积和。

➤ fv(可选)：表示未来值，或在最后一次付款后希望得到的现金余额。如果省略 fv，则默认其值为 0(例如，一笔贷款的未来值即为 0)。

➤ type(可选)：表示付款类型。使用数字 0 或 1 来指定各期付款时间是期初还是期末。如果省略 type，则默认其值为零。

知识拓展 ■ ■ ■

在使用 IPMT 函数时，应确保所有指定的 rate 和 nper 单位的一致性。对于所有参数，支出款项，(如银行存款) 应表示为负数，而收入款项，(如股息收入) 则表示为正数。

7.1.4 计算投资期内要支付的利息额

ISPMT 函数用于计算特定投资期内要支付的利息。在本例中，某企业为了扩大规模，从银行贷款 110 万元，年利率为 4.5%，期限为 6 年，计算该公司每年支付的利息。

< < 扫码获取配套视频课程。

第 1 步 打开本例的素材文件 "ISPMT 函数.xlsx"，选中 B6 单元格，输入公式 "=ISPMT ($B$2,A6,6,$B$1)"，然后按下键盘上的 Enter 键，公式会计算出公司第一年应支付的利息金额，如图 7-5 所示。

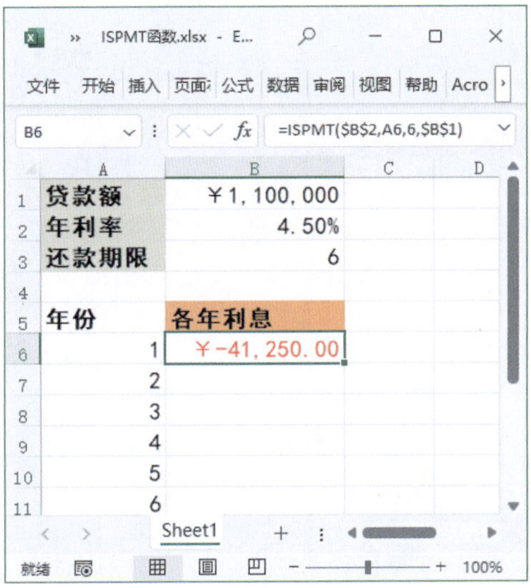

第 2 步 将单元格 B6 中的公式向下填充到 B11 单元格中，即可计算出其他年份的利息金额，如图 7-6 所示。

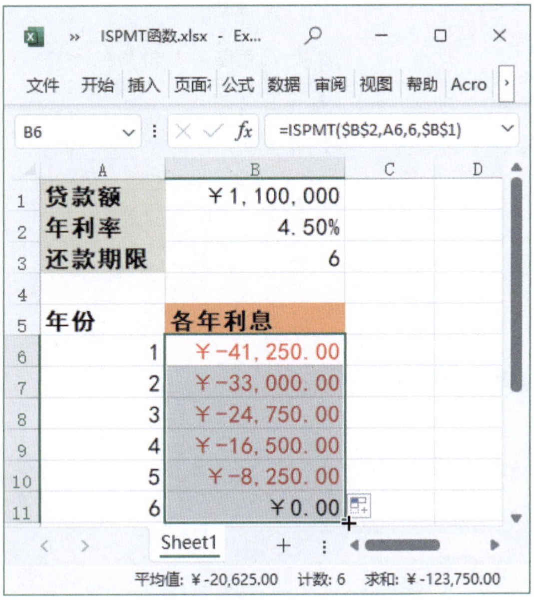

图 7-5

图 7-6

ISPMT 函数的语法结构如下：

```
ISPMT(rate,per,nper,pv)
```

ISPMT 函数语法包括以下参数。

- ➤ rate(必需)：表示贷款期间的固定利率。
- ➤ per(必需)：表示用于计算其利息数额的期数，即支付利息的次数，1 表示第一次支付。该参数值必须在 1 到 nper 参数值之间。
- ➤ nper(必需)：表示付款期的总数。
- ➤ pv(必需)：表示现值，即贷款的本金。

7.1.5 计算两个付款期之间累计支付的利息

CUMIPMT 函数用于返回一笔贷款在给定的两个期间累计偿还的利息数额。在条件充足的情况下，利用 CUMIPMT 函数可以快速方便地计算两个付款期之间累计支付的利息，下面详细介绍其操作方法。

打开本例的素材文件"CUMIPMT 函数 .xlsx"，选择 B5 单元格，在编辑栏中输入公式"=CUMIPMT(B4/12,B3*12,B2,25,36,0)"，按下键盘上的 Enter 键。在 B5 单元格中，系统会自动计算出第三年支付的利息，从而完成计算两个付款期之间累计支付的利息的操作，如图 7-7 所示。

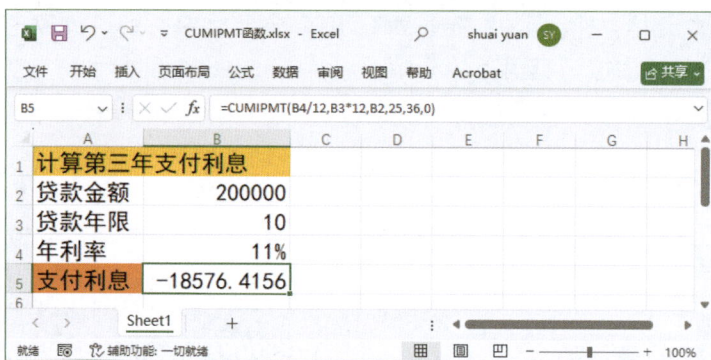

图 7-7

知识拓展 ■ ■ ■

本例公式的重点在于确定第三年支付利息的开始时间和结束时间，即 start_period 和 end_period 参数的值。一年 12 个月，表示第三年开始的月份数字为 25，而经过 12 个月后的数字为 25+12−1=36。

CUMIPMT 函数的语法结构如下：

CUMIPMT(rate,nper,pv,start_period,end_period,type)

CUMIPMT 函数语法包括以下参数。

➤ rate(必需)：表示贷款期间的固定利率。

➤ nper(必需)：表示付款期的总数。

➤ pv(必需)：表示现值，即贷款的本金。

➤ start-period(必需)：表示计算中的第一个周期。

➤ end-period(必需)：表示计算中的最后一个周期。

➤ type(必需)：表示付款类型。如果在每周期的期初还贷，则以 1 表示；如果在每周期的期末还贷，则以 0 表示。省略该参数时，默认其值为 0。

7.1.6 早做完秘籍——将名义年利率转换为实际年利率

利用 EFFECT 函数可以快速地将名义年利率转换为实际年利率，下面详细介绍其操作方法。

<< 扫码获取配套视频课程。

打开素材文件"名义年利率转换为实际年利率 .xlsx"，选择 B4 单元格，在编辑栏中输入公式"=EFFECT(B2,B3)"，按 Enter 键，在 B4 单元格中，系统会自动将名义年利率转换为实际年利率，从而完成转换操作，如图 7-8 所示。

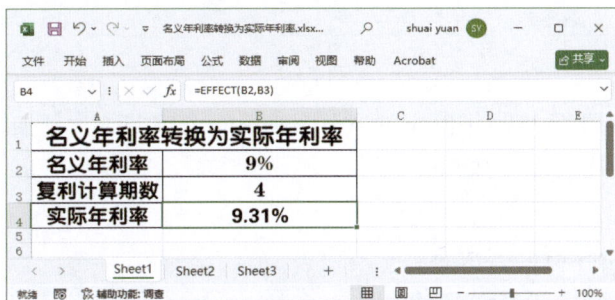

图 7-8

EFFECT 函数用于根据给定的名义年利率和每年的复利期数，计算有效的年利率。
EFFECT 函数的语法结构如下：

```
EFFECT(nominal_rate, npery)
```

EFFECT 函数语法具有以下参数。
➤ nominal_rate(必需)：表示名义利率。
➤ npery(必需)：表示每年的复利期数。

7.1.7 早做完秘籍——将实际年利率转换为名义年利率

在条件充足的情况下，利用 NOMINAL 函数可以快速地将实际年利率转换为名义年利率，下面详细介绍其操作方法。

<< 扫码获取配套视频课程。

打开素材文件"实际年利率转换为名义年利率 .xlsx"，选择 B4 单元格，在编辑栏中输

入公式"=NOMINAL(B2,B3)"，按下键盘上的 Enter 键，执行上述操作，系统将在 B4 单元格中自动将实际年利率转换为名义年利率，从而完成转换操作，如图 7-9 所示。

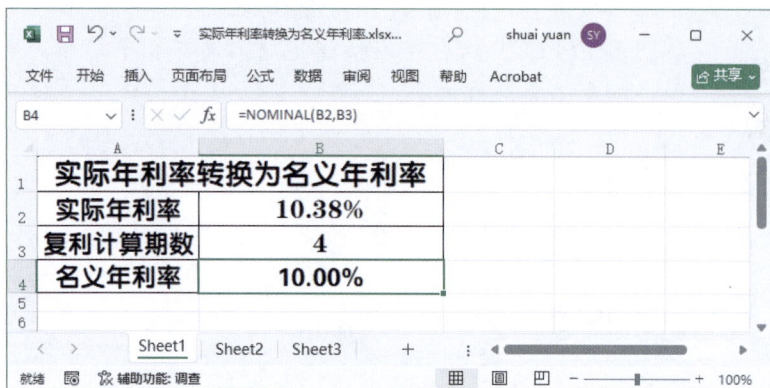

图 7-9

NOMINAL 函数用于计算基于给定的实际利率和年复利期数，返回名义年利率。
NOMINAL 函数的语法结构如下：

```
NOMINAL(effect_rate, npery)
```

NOMINAL 函数语法包括以下参数。
➢ effect_rate(必需)：表示实际利率。
➢ npery(必需)：表示每年的复利期数。

7.2 计算投资与收益率

投资计算函数是用于计算投资与收益率的一种函数。常见的投资评价方法包括净现值法、回收期法和内含报酬率法等。收益率函数则是用于计算内部资金流量回报率的函数。本节将列举一些计算投资与收益率的函数应用案例及相关知识，下面进行详细讲解。

7.2.1 计算零存整取的未来值

FV 函数用于计算基于固定利率及等额分期付款方式下的投资未来值。在条件充足的情况下，利用 FV 函数可以快速方便地计算出零存整取的未来值，下面详细介绍其操作方法。

< < 扫码获取配套视频课程。

打开素材文件"FV 函数 .xlsx"，选择 B6 单元格。在编辑栏中输入公式"=FV(B4/12,B3,-B5,-B2)"，然后按下键盘上的 Enter 键。执行上述操作后，系统将在 B6 单元格中自动计算出零存整取的未来值，从而完成计算操作，如图 7-10 所示。

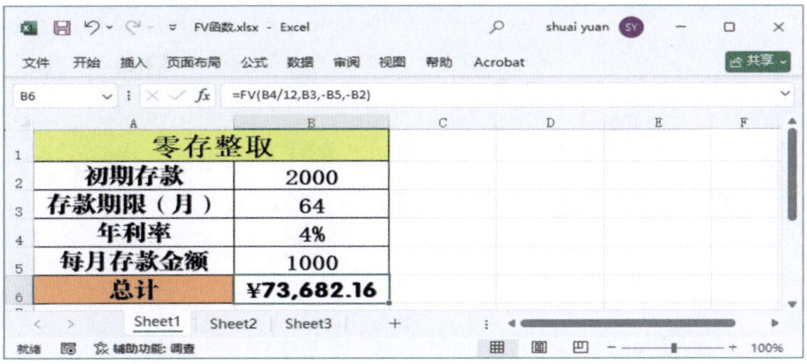

图 7-10

FV 函数的语法结构如下：

```
FV(rate,nper,pmt,[pv],[type])
```

FV 函数语法包括以下参数。

➢ rate(必需)：表示各期利率。

➢ nper(必需)：表示年金的付款总期数。

➢ pmt(必需)：表示各期所应支付的金额，其数值在整个年金期间保持不变。通常，pmt 包括本金和利息，但不包括其他费用或税款。如果省略 pmt，则必须包括 pv 参数。

➢ pv(可选)：表示现值，或一系列未来付款的当前值的累积和。如果省略 pv，则假设其值为 0(零)，并且必须包括 pmt 参数。

➢ type(可选)：表示投资类型，使用数字 0 或 1，用以指定各期的付款时间是在期初还是期末。如果省略 type，则假设其值为 0。

知识拓展

请确保指定 rate 和 nper 所用的单位是一致的。例如，如果贷款期限为 5 年(年利率为 12%)，每月还款一次，则 rate 应为 12%/12，nper 应为 5×12。如果对相同贷款每年还款一次，则 rate 应为 12%，nper 应为 5。

7.2.2　计算某投资的净现值

NPV 函数用于计算通过使用贴现率以及一系列未来支出 (负值) 和收入 (正值)，返回一项投资的净现值。在条件充足的情况下，利用 NPV 函数可以快速计算投资中的净现值。下面详细介绍其操作方法。

打开素材文件"NPV 函数 .xlsx"，选择 D3 单元格，在编辑栏中，输入公式"=NPV (C3,A2,-B3,A4,-B5)"。然后，按下键盘上的 Enter 键，执行上述操作后，即可计算出投资中的净现值，如图 7-11 所示。

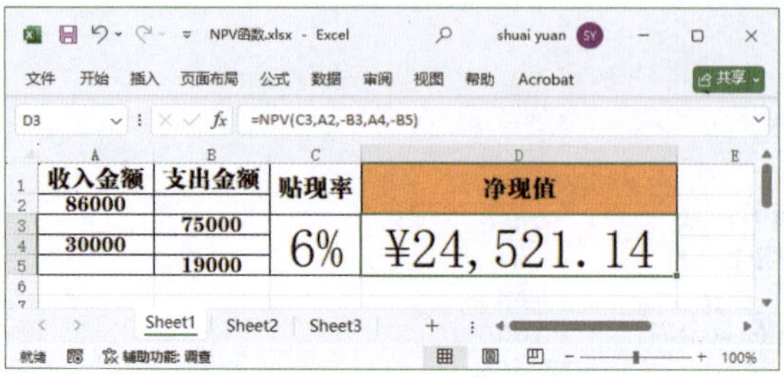

图 7-11

NPV 函数的语法结构如下：

```
NPV(rate,value1,[value2],...)
```

NPV 函数语法包括以下参数。
➢ rate(必需)：表示某一期间的贴现率。
➢ value1(必需)：表示现金流的第 1 个参数。
➢ value2, ...(可选)：表示现金流的第 2 ～ 254 个参数。

7.2.3 计算投资的现值

PV 函数用于返回投资的现值，即一系列未来付款的当前值的累积和。例如，借入方的借入款即为贷出方贷款的现值。在条件充足的情况下，利用 PV 函数可以快速计算贷款买车的贷款额，下面详细介绍其操作方法。

<< 扫码获取配套视频课程。

打开素材文件"PV 函数 .xlsx"，选择 B5 单元格，在编辑栏中输入公式"=PV(B3/12, B2*12, -B4)"，然后按下键盘上的 Enter 键。执行上述操作后，系统将在 B5 单元格中，自动计算出贷款买车的贷款额，从而完成计算操作，如图 7-12 所示。

PV 函数的语法结构如下：

```
PV(rate, nper, pmt, [fv], [type])
```

PV 函数语法包括以下参数。
➢ rate(必需)：表示各期利率。例如，如果按 10% 的年利率借入一笔贷款来购买汽车，并按月偿还贷款，则月利率为 10%/12(即 0.83%)。可以在公式中输入 10%/12 或 0.83% 作为 rate 的值。

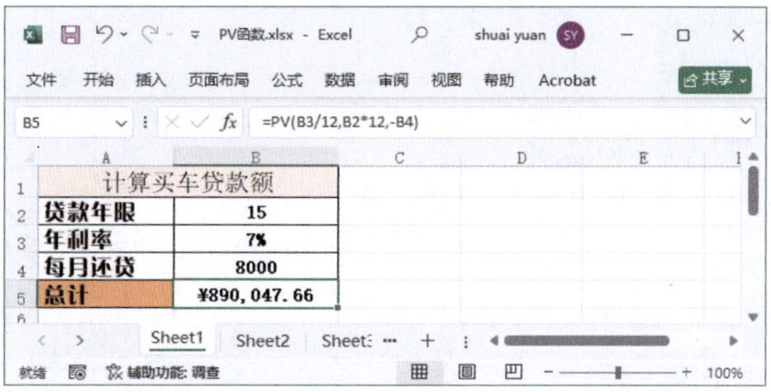

图 7-12

- nper(必需)：表示年金的付款总期数。例如，对于一笔 4 年期按月偿还的汽车贷款，共有 4 × 12(即 48) 个偿还期。可以在公式中输入 48 作为 nper 的值。
- pmt(必需)：表示各期所应支付的金额，其数值在整个年金期间保持不变。通常，pmt 包括本金和利息，但不包括其他费用或税款。例如，¥10,000 的年利率为 12% 的四年期汽车贷款的月偿还额为 ¥263.33。可以在公式中输入 –263.33 作为 pmt 的值。如果省略 pmt，则必须包含 fv 参数。
- fv(可选)：表示未来值，或在最后一次支付后希望得到的现金余额。如果省略 fv，则假设其值为 0。可以根据保守估计的利率来决定每月的存款额。如果省略 fv，则必须包含 pmt 参数。
- type(可选)：表示投资类型。使用数字 0 或 1，用以指定各期的付款时间是在期初还是期末。

7.2.4 计算一组不定期盈利额的净现值

XNPV 函数用于计算一组不定期现金流的净现值。在条件充足的情况下，利用 XNPV 函数可以快速计算未必定发生的投资净现值，下面详细介绍其操作方法。

打开素材文件"XNPV 函数 .xlsx"，选择 D3 单元格，在编辑栏中输入公式"=XNPV (C3,B2:B5,A2:A5)"，按下键盘上的 Enter 键，执行上述操作后，系统会在 D3 单元格中自动计算出未必定发生的投资净现值，从而完成计算操作，如图 7-13 所示。

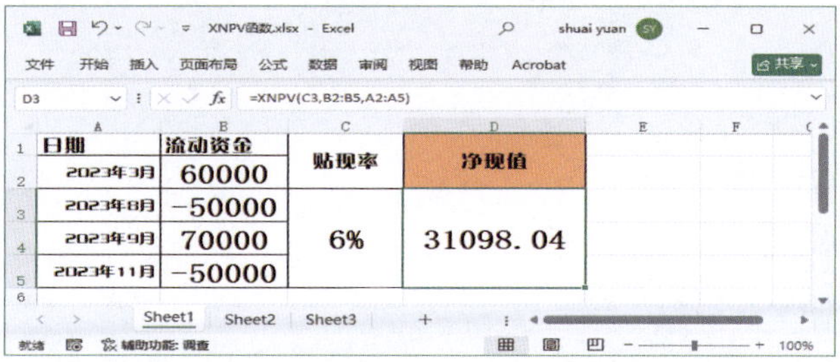

图 7-13

XNPV 函数的语法结构如下：

```
XNPV(rate,values,dates)
```

XNPV 函数语法包括以下参数。

➤ rate(必需)：表示应用于现金流的贴现率。

➤ values(必需)：表示与 dates 中的支付时间相对应的一系列现金流。首期支付是可选的，并与投资开始时的成本或支付有关。如果第一个值是成本或支付，则它必须是负值。所有后续支付都基于 365 天 / 年贴现。数值系列必须至少包含一个正数和一个负数。

➤ dates(必需)：表示与现金流支付相对应的支付日期表。第一个支付日期代表支付表的开始日期。其他所有日期应迟于该日期，但可按任何顺序排列。

7.2.5 计算某项投资的内部收益率

IRR 函数用于计算由数值代表的一组现金流的内部收益率。内部收益率是指在投资过程中，收入和支出以固定时间间隔发生时，投资所获得的利率。如果要计算某项投资的内部收益率，可以使用 IRR 函数。本例表格中显示了某项投资的年贴现率、初期投资金额，以及未来 3 年内的预期收益额，现在要计算该项投资的内部收益率，其具体操作方法如下。

<< 扫码获取配套视频课程。

打开素材文件"IRR 函数 .xlsx"，选中 B7 单元格，在编辑栏中输入公式"=IRR(B2:B5,B1)"，按下键盘上的 Enter 键，执行上述操作后，系统将计算出投资的内部收益率，如图 7-14 所示。

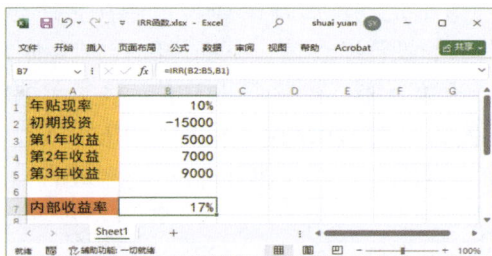

图 7-14

IRR 函数的语法结构如下：

```
IRR(values, [guess])
```

IRR 函数语法包括以下参数。

➤ values(必需)：表示进行计算的数组或单元格的引用，即用来计算内部收益率的数字。

➤ guess(可选)：表示对函数 IRR 计算结果的估计值。

知识拓展 ■■■

　　使用 IRR 函数时，请注意值的顺序，因为它们代表了现金流的顺序，必须按照所需的顺序输入支出和收益值。

7.2.6　计算贷款年利率

　　RATE 函数用于计算年金的各期利率。在条件充足的情况下，利用 RATE 函数可以快速计算贷款的年利率，下面详细介绍其操作方法。

《《 扫码获取配套视频课程。

　　打开素材文件"RATE 函数 .xlsx"，选择 B5 单元格，在编辑栏中，输入公式"=RATE(B3*12,-B4,B2)*12"，按下键盘上的 Enter 键，执行上述操作后，系统将在 B5 单元格中自动计算出贷款的年利率，从而完成计算操作，如图 7-15 所示。

图 7-15

RATE 函数的语法结构如下：

```
RATE(nper, pmt, pv, [fv], [type], [guess])
```

RATE 函数语法包括以下参数。

➤ nper(必需)：表示年金的付款总期数。

➤ pmt(必需)：表示各期所应支付的金额，其数值在整个年金期间保持不变。通常，pmt 包括本金和利息，但不包括其他费用或税款。如果省略 pmt，则必须包含 fv 参数。

➤ pv(必需)：表示现值，即一系列未来付款现在所值的总金额。

➤ fv(可选)：表示未来值，或在最后一次付款后希望得到的现金余额。如果省略 fv，则假设其值为 0。

➤ type(可选)：表示投资类型。使用数字 0 或 1，用以指定各期的付款时间是在期初还是期末。

➢ guess(可选)：表示预期利率。

![icon] **知识拓展** ■■▮▯

使用 RATE 函数时，请确保所指定的 guess 和 nper 单位的一致性。例如，对于年利率为 10% 的 5 年期贷款，如果按月支付，guess 应为 10%/12，nper 应为 5×12；如果按年支付，guess 为 10%，nper 应为 5。

7.2.7 早做完秘籍——计算一系列现金流的内部收益率

在条件充足的情况下，利用 IRR 函数可以快速地计算一系列现金流的内部收益率，下面详细介绍其操作方法。

<< 扫码获取配套视频课程。

打开素材文件"计算一系列现金流的内部收益率 .xlsx"，选择 B6 单元格，在编辑栏中，输入公式"–TEXT(IRR(B2:B5),"0.00%")"，按下键盘上的 Enter 键，执行上述操作后，系统将在 B6 单元格中自动计算出一系列现金流的内部收益率，从而完成计算操作，如图 7-16 所示。

现金流向	现金流量
结余	¥20,000.00
采购	¥−18,000.00
盈利	¥10,000.00
采购	¥−30,000.00
内部收益率	35.14%

图 7-16

![icon] **知识拓展** ■■▮▯

使用 IRR 函数计算内部收益率时，将返回结果的单元格设置为百分比格式。因此，也可以在公式外嵌套 TEXT 函数来将返回结果的单元格强制设置为百分比格式。

7.2.8 早做完秘籍——计算不同利率下的内部收益率

在条件充足的情况下，利用 MIRR 函数可以快速计算不同利率下的内部收益率。下面详细介绍其操作方法。

＜＜扫码获取配套视频课程。

打开素材文件"计算不同利率下的内部收益率 .xlsx"，选择 B9 单元格，在编辑栏中，输入公式"=MIRR(B2:B6,B7,B8)"，按下键盘上的 Enter 键，执行上述操作后，系统将在 B9 单元格中自动计算出不同利率下的内部收益率，从而完成计算操作，如图 7-17 所示。

图 7-17

MIRR 函数的语法结构如下：

MIRR(values, finance_rate, reinvest_rate)

MIRR 函数语法包括以下参数。

➢ values(必需)：表示要进行计算的一个数组或对包含数字的单元格的引用。即用来计算返回的内部收益率的数字。

➢ finance_rate(必需)：表示现金流中使用的资金支付的利率。

➢ reinvest_rate(必需)：表示将现金流再投资的收益率。

知识拓展

函数 MIRR 根据输入值的次序来解释现金的次序。因此，务必按照实际的顺序输入支出和收入数额，并使用正确的正负号（现金流入用正值，现金流出用负值）。

7.3 资产折旧

折旧值计算函数是用来计算固定资产折旧值的一类函数。本节将列举一些财务函数中进行的折旧值计算函数应用案例，并对其进行详细的讲解。

7.3.1 计算线性折旧值

SLN 函数用于返回某项资产在一个期间中的线性折旧值。例如，某人购买一台跑步机，购买价格为 2.8 万元，使用寿命为 4 年，资产残值为 9000 元，计算平均每年的折旧金额。

打开素材文件"SLN 函数 .xlsx"，选择 D2 单元格，在编辑栏中输入公式"=SLN(B2,B3,B4)"，按 Enter 键，执行上述操作后，即可计算出每年的折旧金额，如图 7-18 所示。

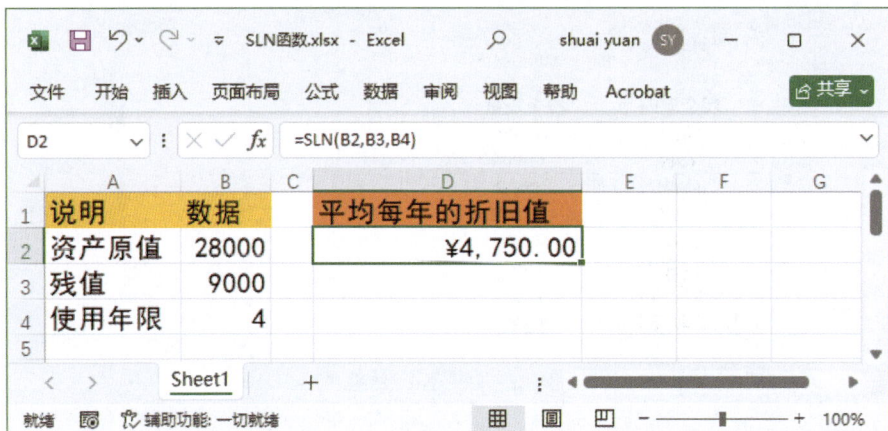

图 7-18

SLN 函数的语法结构如下：

```
SLN(cost, salvage, life)
```

SLN 函数语法具有以下参数。

➤ cost(必需)：表示资产原值。

➤ salvage(必需)：表示资产在折旧期末的价值 (有时也称为资产残值)。

➤ life(必需)：表示资产的折旧期数。

🔵 知识拓展 ■ ■ ■

SLN 函数使用线性折旧法计算折旧值，因此不考虑计算折旧值的期间。但是函数的返回结果会随着折旧的年度单位或月度单位变化。

7.3.2 按年限总和折旧法计算折旧值

SYD 函数用于返回某项资产按年限总和折旧法计算的指定期间的折旧值。本例假设某公司在第一年的 3 月份购买了一台新机器，价值为 15 万元，使用寿命为 5 年，估计残值为 1 万元。现在要求使用年限总和折旧法计算每年的折旧值。

<< 扫码获取配套视频课程。

第 1 步 打开本例的素材文件"SYD 函数 .xlsx"，选择 D2 单元格，在编辑栏中输入公式"=SYD($B$2,$B$3,$B$4,C2)"，按 Enter 键，执行上述操作后，即可计算出第一年的折旧值，如图 7-19 所示。

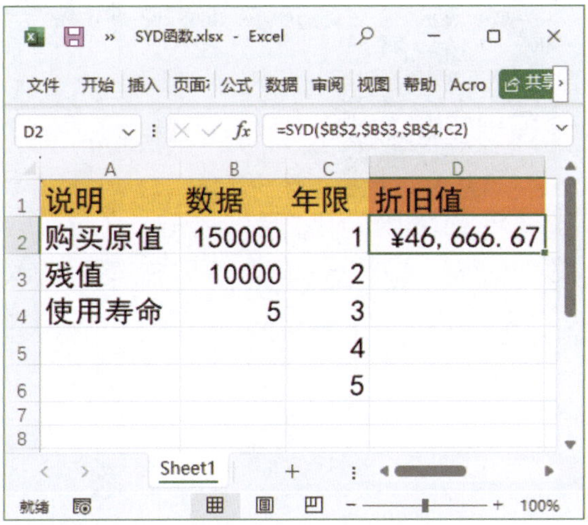

第 2 步 将鼠标指针移动到 D2 单元格右下角，当鼠标指针变成"十"字形状后，按住鼠标左键并向下拖动进行公式填充，即可计算出其他年限的折旧值，如图 7-20 所示。

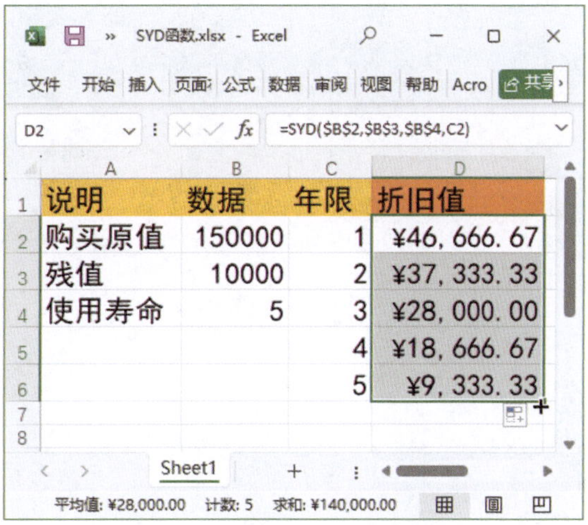

图 7-19

图 7-20

SYD 函数的语法结构如下：

```
SYD(cost, salvage, life, per)
```

SYD 函数语法包括以下参数。

➤ cost(必需)：表示资产原值。

➤ salvage(必需)：表示资产在折旧期末的价值 (有时也称为资产残值)。

➤ life(必需)：表示资产的折旧期数。

➤ per(必需)：表示折旧期间，其单位与 life 相同。

7.3.3　固定余额递减法计算每年的折旧值

DB 函数用于使用固定余额递减法，计算一笔资产在给定期间内的折旧值。本例的素材文件中录入了固定资产的原值、可使用年限、残值等数据到工作表中，并输入了要求解的各年限。下面详细介绍使用 DB 函数计算每年折旧值的操作步骤。

<< 扫码获取配套视频课程。

第 1 步　打开素材文件"DB 函数 .xlsx"，选中 B5 单元格，在编辑栏中输入公式"=DB($B$2,$D$2,$C$2,A5,$E$2)"，按下键盘上的 Enter 键，执行上述操作后，即可计算出该项固定资产第 1 年的折旧额，如图 7-21 所示。

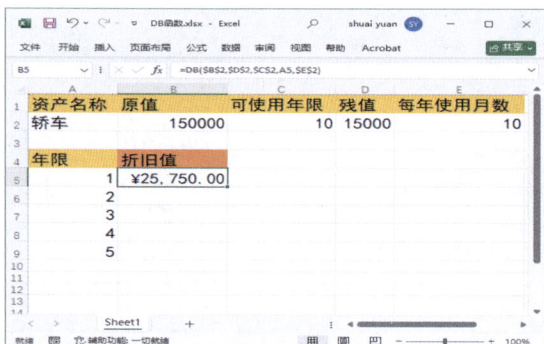

图 7-21

第 2 步　选中 B5 单元格，向下拖动进行复制公式，即可计算出各个年限的折旧额，如图 7-22 所示。

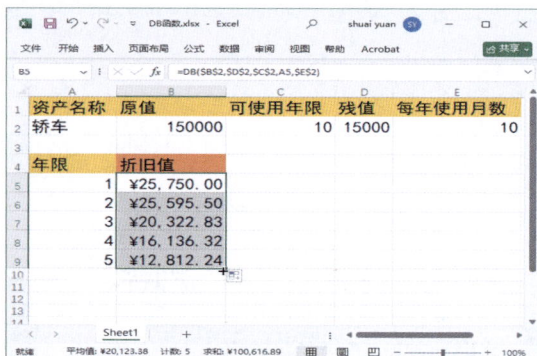

图 7-22

📚 知识拓展：固定余额递减法　■ ▪ ▫

固定余额递减法是一种加速折旧法，即在预计的使用年限内将后期折旧的一部分移到前期，使前期折旧额大于后期折旧额。

DB 函数的语法结构如下：

```
DB(cost, salvage, life, period, [month])
```

DB 函数语法包括以下参数。

➢ cost(必需)：表示资产原值。

➢ salvage(必需)：表示资产在折旧期末的价值 (也可称为资产残值)。

➢ life(必需)：表示资产的折旧期数。

➤ period(必需)：表示需要计算折旧值的期间。必须使用与 life 相同的单位。
➤ month(可选)：表示第一年的月份数，如省略，则默认为 12。

7.3.4 计算指定会计期间的折旧值

AMORDEGRC 函数用于返回每个结算期间的折旧值。该函数主要为法国会计系统提供。如果某项资产是在该结算期的中期购入的，则按直线折旧法计算。

某工厂在 2022 年 1 月 20 日引进一批设备，购买价格为 12 万元，第一时期结束日期为 2023 年 8 月 19 日，折旧期间为 1 年，设备的残值为 3.6 万元，折旧率为 10%，现在要求用 AMORDEGRC 函数计算第一时期的折旧值。

打开素材文件"AMORDEGRC 函数 .xlsx"，选择 D2 单元格，在编辑栏中输入公式"=AMORDEGRC(B2,B3,B4,B5,B6,B7,B8)"，按下键盘上的 Enter 键。执行上述操作后，即可计算出结果，如图 7-23 所示。

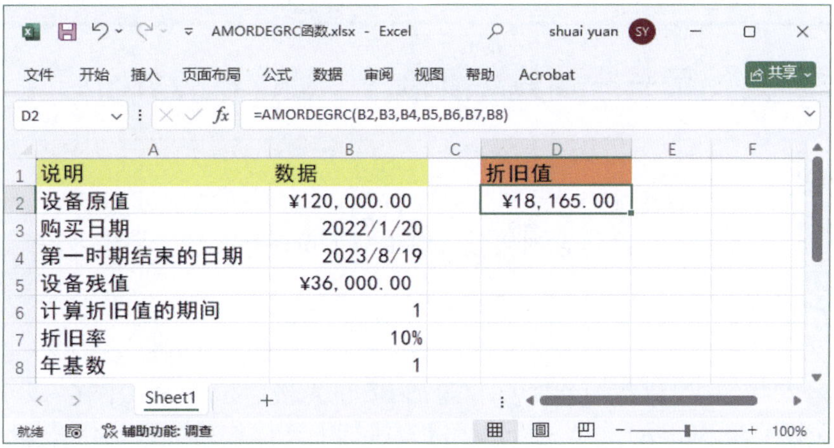

图 7-23

AMORDEGRC 函数的语法结构如下：

AMORDEGRC(cost, date_purchased, first_period, salvage, period, rate, [basis])

AMORDEGRC 函数语法包括以下参数。
➤ cost(必需)：表示资产原值。
➤ date_purchased(必需)：表示购入资产的日期。
➤ first_period(必需)：表示第一个期间结束时的日期。
➤ salvage(必需)：表示资产在使用寿命结束时的残值。
➤ period(必需)：表示计算折旧值的期间。
➤ rate(必需)：表示折旧率。
➤ basis(可选)：表示要使用的年基准。表 7-1 列出了参数 basis 的取值及其说明。

表 7-1　参数 basis 的取值及其说明

basis 参数值	说　明
0 或省略	一年以 360 天为准 (NASD 方法)
1	用实际天数除以该年的实际天数，即 365 天或 366 天
3	一年以 365 天为准
4	一年以 360 天为准 (欧洲方法)

AMORDEGRC 函数的折旧系数如表 7-2 所示。

表 7-2　AMORDEGRC 函数的折旧系数

资产的生命周期 (1/rate)	折旧系数
3 ～ 4 年	1.5
5 ～ 6 年	2
6 年以上	2.5

7.3.5　早做完秘籍——计算切割机每个结算期的折旧值

在给定条件充足的情况下，本例利用 AMORLINC 函数可以准确地计算每个结算期间的折旧值，下面详细介绍其操作方法。

<< 扫码获取配套视频课程。

打开素材文件"切割机折旧 .xlsx"，选择 B8 单元格，在编辑栏中输入公式"=AMORDEGRC(B2,B3,B4,B5,B6,B7,1)"，按 Enter 键，执行上述操作后，系统将在 B8 单元格中，自动计算切割机在此期间内的折旧值，如图 7-24 所示。

图 7-24

AMORLINC 函数的语法结构如下：

```
AMORLINC(cost, date_purchased, first_period, salvage, period, rate, [basis])
```

AMORLINC 函数语法包括以下参数。

➤ cost(必需)：表示资产原值。

➤ date_purchased(必需)：表示购入资产的日期。

➤ first_period(必需)：表示第一个期间结束时的日期。

➤ salvage(必需)：表示资产在使用寿命结束时的残值。

➤ period(必需)：表示计算折旧值的期间。

➤ rate(必需)：表示折旧率。

➤ basis(可选)：表示要使用的年基准。

7.3.6 早做完秘籍——使用双倍余额递减法计算键盘折旧值

DDB 函数用于使用双倍余额递减法或其他指定方法，计算一笔资产在给定期限内的折旧值。在给定条件充足的情况下，本例利用 DDB 函数可以准确地计算出键盘每一期间的折旧值，下面详细介绍其操作方法。

<< 扫码获取配套视频课程。

打开素材文件"键盘折旧 .xlsx"，选择 D2 单元格，在编辑栏中，输入公式"=DDB($B$2, $B$3,$B$4,ROW(B2))"，并按 Enter 键，在 D1 单元格中，系统会自动计算出第一年的折旧值，向下填充公式至其他单元格，即可完成计算键盘折旧值的操作，如图 7-25 所示。

图 7-25

DDB 函数的语法结构如下：

```
DDB(cost,salvage,life,period,[factor])
```

DDB 函数语法包括以下参数。

➢ cost(必需)：表示资产原值。

➢ salvage(必需)：表示资产在使用寿命结束时的残值。

➢ life(必需)：表示折旧期限 (有时也称作资产的使用寿命)。

➢ period(必需)：表示计算折旧值的期间。该参数必须与 life 参数的单位相同。

➢ factor(可选)：表示余额递减速率。省略该参数时，默认其值为 2。

知识拓展 ■ ■ ■

用户在使用 DDB 函数，进行双倍余额递减法计算折旧值时，需要注意的是，DDB 函数的所有参数数值必须大于"0"，否则在单元格内返回错误值 #NUM!。

7.4 证券与金融

Excel 提供了多种证券相关的函数，使用这些函数可以方便地进行证券投资分析和计算。证券计算函数主要用于计算投资证券的收益，本节将介绍一些财务函数中用于证券计算的案例，并对其进行详细讲解。

7.4.1 计算定期付息有价证券的应计利息

ACCRINT 函数用于计算定期付息证券的应计利息。在本例中，某企业于 2015 年 1 月 1 日购买了 A 和 B 两种债券，首次计息日均为 2016 年 1 月 1 日，按年付息。A 债券的票面利率为 1%，面值为 2000 元，日计数基准为 1；B 债券的票面利率为 3%，面值为 12000 元，日计数基准为 2。使用 ACCRINT 函数可以计算这两种债券的应计利息。

<< 扫码获取配套视频课程。

第 1 步 打开素材文件 "ACCRINT 函数 .xlsx"，选择 B10 单元格，输入公式 "=ACCRINT(B2,B3,B4,B5,B6,B7,B8)"，然后按下键盘上的 Enter 键，即可计算出 A 债券的应计利息，如图 7-26 所示。

第 2 步 将单元格 B10 中的公式向右填充至单元格 C10 中，即可计算出 B 债券的应计利息，如图 7-27 所示。

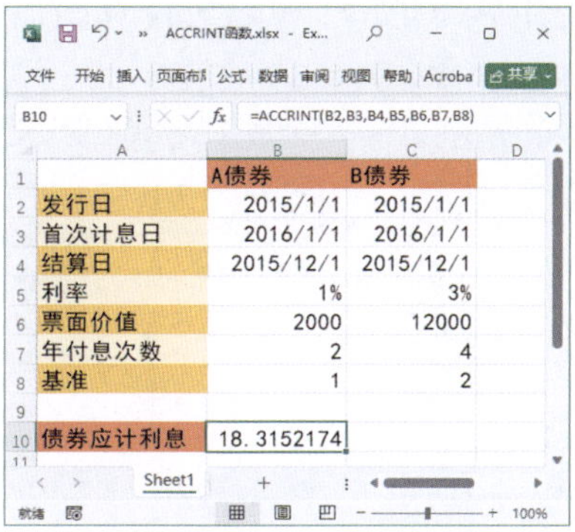

图 7-26

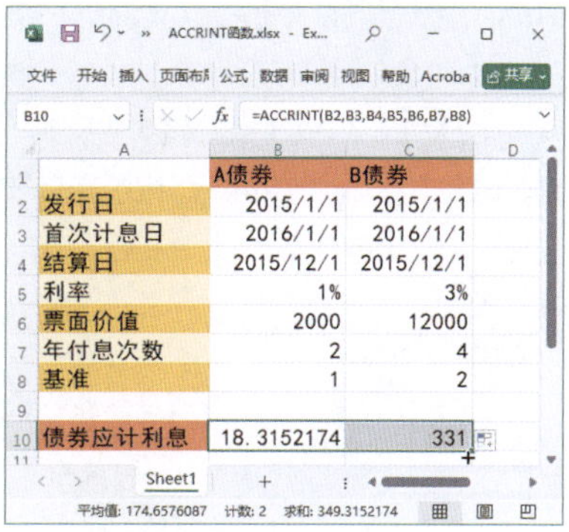

图 7-27

ACCRINT 函数的语法结构如下：

ACCRINT(issue, first_interest, settlement, rate, par, frequency, [basis], [calc_method])

ACCRINT 函数语法包括以下参数。

➢ issue(必需)：表示有价证券的发行日。

➢ first_interest(必需)：表示有价证券的首次计息日。

➢ settlement(必需)：表示有价证券的结算日。有价证券结算日是在发行日之后，有价证券卖给购买者的日期。

➢ rate(必需)：表示有价证券的年息票利率。

➢ par(必需)：表示证券的票面值。如果省略此参数，则 ACCRINT 使用 ¥1,000。

➢ frequency(必需)：表示年付息次数。如果按年支付，frequency = 1；按半年期支付，frequency=2；按季支付，frequency=4。

➢ basis(可选)：表示要使用的日计数基准类型。

➢ calc_method(可选)：表示一个逻辑值，指定当结算日期晚于首次计息日期时用于计算总应计利息的方法。如果值为 TRUE (1)，则返回从发行日到结算日的总应计利息。如果值为FALSE (0)，则返回从首次计息日到结算日的应计利息。如果不输入此参数，则默认为 TRUE。

知识拓展

用户应该使用 DATE 函数输入日期，或者将函数作为其他公式或函数的结果输入。例如，使用函数 DATE(2016,1,1) 输入 2016 年 1 月 1 日。如果日期以文本形式输入，则会出现问题。

7.4.2 计算一次性付息有价证券的利息

ACCRINTM 函数用于计算到期一次性付息有价证券的应计利息。例如，如果购买了价值为 5 万元的短期债券，其发行日为 2022 年 1 月 1 日，到期日为 2023 年 3 月 20 日，债券利率为 10%，以实际天数 /360 为日计数基准，可以使用 ACCRINTM 函数计算出债券的应计利息。

打开素材文件"ACCRINTM 函数 .xlsx"，选择 B7 单元格，输入公式"=ACCRINTM(B1, B2, B3, B4, B5)"，按 Enter 键即可计算出有价证券的应计利息，如图 7-28 所示。

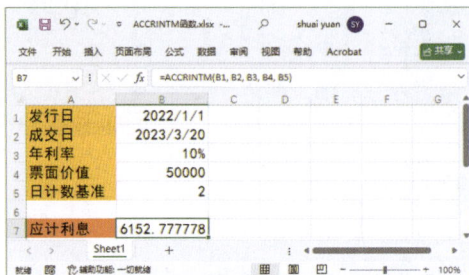

图 7-28

ACCRINTM 函数的语法结构如下：

```
ACCRINTM(issue,maturity,rate,par,basis)
```

ACCRINTM 函数语法包含以下参数。

➢ issue(必选)：表示有价证券的发行日。
➢ maturity(必选)：表示有价证券的到期日。
➢ rate(必选)：表示有价证券的年息票利率。
➢ par(必选)：表示证券的票面值。省略该参数时，默认其值为 ¥1000。
➢ basis(可选)：表示日计数基准类型。如表 7-3 列出了 basis 参数的取值及其说明。

表 7-3　basis 参数的取值及其说明

basis 参数值	说　明
0 或默认	US(NASD)30/360，一年以 360 天为准，用 NASD 方式计算
1	实际天数 / 该年的实际天数，用实际天数除以该年的实际天数 (365 天或 366 天)
2	实际天数 /360，用实际天数除以 360
3	实际天数 /365，用实际天数除以 365
4	欧洲 30/360，一年以 360 天为准，用欧洲方式计算

7.4.3　计算票息期开始到结算日之间的天数

COUPDAYBS 函数用于计算从票息开始到结算日之间的天数，本例中，已知两个有价证券的交易情况如下：A 债券每年付息一次，B 债券每季度付息一次。两种证券的结算日均为 2023 年 1 月 1 日，到期日为 2031 年 8 月 1 日，日计数基准为 2。计算从票息期开始到结算日之间的天数。

<< 扫码获取配套视频课程。

打开素材文件"COUPDAYBS 函数 .xlsx",选中 B7 单元格,输入公式"=COUPDAYBS (B2,B3,B4,B5)",然后按下键盘上的 Enter 键,即可计算出 A 债券从票息期开始到结算日之间的天数。将单元格 B7 中的公式向右填充到单元格 C7 中,即可计算出 B 债券从票息期开始到结算日之间的天数,如图 7-29 所示。

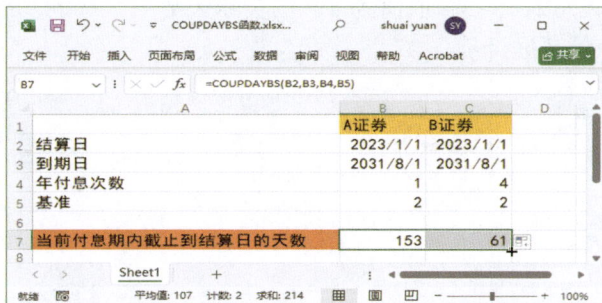

图 7-29

COUPDAYBS 函数的语法结构如下:

COUPDAYBS(settlement, maturity, frequency, [basis])

COUPDAYBS 函数语法包括以下参数。
- settlement(必需):表示有价证券的结算日,有价证券卖给购买者的日期。
- maturity(必需):表示有价证券的到期日,即有价证券有效期截止时的日期。
- frequency(必需):表示年付息次数。如果按年支付,frequency =1;按半年期支付,frequency=2;按季支付,frequency=4。
- basis(可选):表示要使用的日计数基准类型。

7.4.4 计算从成交日到下一付息日之间的天数

COUPDAYSNC 函数用于计算从成交日到下一付息日之间的天数。在本例中,某债券的成交日为 2022 年 1 月 1 日,到期日为 2023 年 3 月 10 日,以实际天数 (360 天) 为日计数基准,计算从成交日到下一个付息日之间的天数。

打开素材文件"COUPDAYSNC 函数 .xlsx",选择 B6 单元格,在编辑栏中输入公式 "=COUPDAYSNC(B1, B2, B3, B4)",按 Enter 键,即可计算出债券成交日到下一个付息日之间的天数,如图 7-30 所示。

COUPDAYSNC 函数的语法结构如下:

COUPDAYSNC(settlement,maturity,frequency,basis)

COUPDAYSNC 函数语法包括以下参数。
- settlement(必需):表示证券的成交日。
- maturity(必需):表示有价证券的到期日。

➤ frequency(必需)：表示年付息次数。如果按年支付，frequency 参数等于 1；如果按半年期支付，frequency 参数等于 2；如果按季支付，frequency 参数等于 4。

➤ basis(可选)：表示日计数基准类型。若取值为 0 或省略，则按 US(NASD)30/360 的基准计算；若取值为 1，按实际天数／实际天数的基准计算；若取值为 2，按实际天数／ 360 的基准计算；若取值为 3，按实际天数／ 365 的基准计算；若取值为 4，按欧洲 30/360 的基准计算。

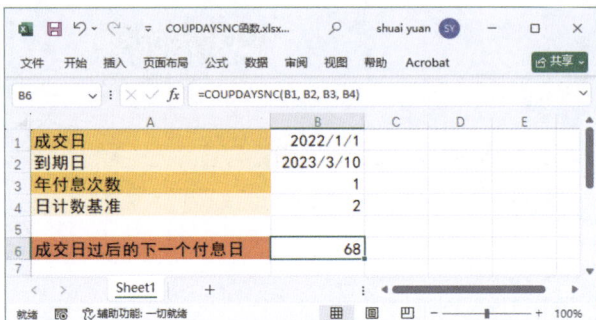

图 7-30

7.4.5 计算债券的一次性付息利率

INTRATE 函数用于返回完全投资型证券的利率，本例将应用 INTRATE 函数来计算一次性付息证券的利率，以下将介绍其方法。

选中 D2 单元格，在编辑栏中输入公式"=INTRATE(B1,B2,B3,B4,B5)"，按下键盘上的 Enter 键，计算出一次性付息证券的利率，如图 7-31 所示。

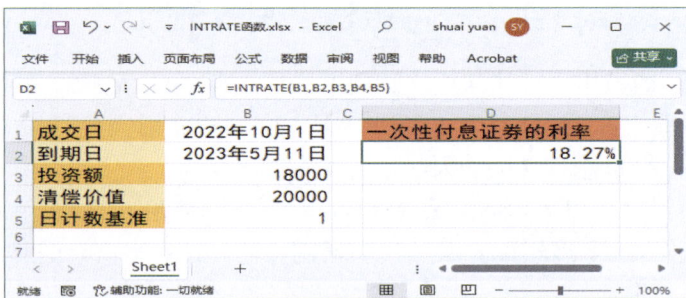

图 7-31

INTRATE 函数的语法结构如下：

INTRATE(settlement, maturity, investment, redemption, [basis])

INTRATE 函数语法包括以下参数。

➤ settlement(必需)：表示有价证券的结算日。

- ➤ maturity(必需)：表示有价证券的到期日。
- ➤ investment(必需)：表示有价证券的投资额。
- ➤ redemption(必需)：表示有价证券到期时的兑换值。
- ➤ basis(可选)：表示要使用的日计数基准类型。

7.4.6 计算面值为 ¥100 的国库券价格

ODDFPRICE 函数用于计算首期付息日不固定 (长期或短期) 的面值为 ¥100 的有价证券价格。在本例中，购买的债券日期为 2022 年 2 月 18 日，该债券到期日期为 2023 年 12 月 18 日，发行日期为 2021 年 12 月 28 日，首期付息日期为 2022 年 12 月 18 日，付息利率为 5.56%，年收益率为 4.95%，以半年期付息，以按实际天数 /365 为日计数基准，计算出该债券首期付息日不固定的面值为 ¥100 的有价证券价格。

打开素材文件"ODDFPRICE 函数 .xlsx"，选中 D2 单元格，在编辑栏中输入公式"=ODDFPRICE(B1,B2,B3,B4,B5,B6,B7,B8,B9)"，按 Enter 键，即可计算出该债券首期付息日不固定的面值为 ¥100 的有价证券价格，如图 7-32 所示。

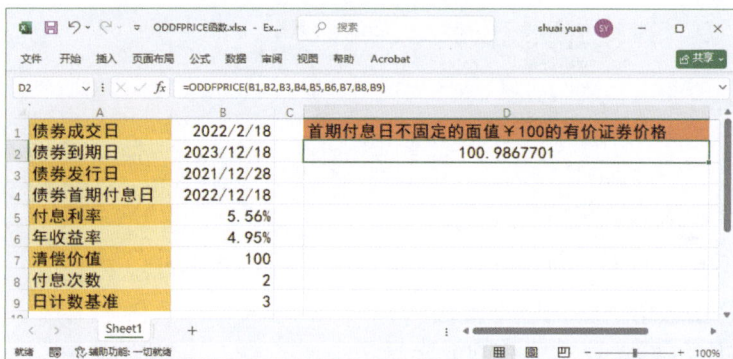

图 7-32

ODDFPRICE 函数的语法结构如下：

ODDFPRICE(settlement,maturity,issue,first_coupon,rate,yld,redemption,frequency, basis)

ODDFPRICE 函数语法包括以下参数。

- ➤ settlement(必需)：表示证券的成交日。
- ➤ maturity(必需)：表示有价证券的到期日。
- ➤ issue(必需)：表示有价证券的发行日，以时间序列号表示。
- ➤ first-coupon(必需)：表示有价证券的首期付息日。
- ➤ rate(必需)：表示有价证券的年息票利率。
- ➤ yld(必需)：表示有价证券的年收益率。
- ➤ redemption(必需)：表示面值为 ¥100 的有价证券的清偿价值。

➤ frequency(必需)：表示年付息次数。如果按年支付，frequency 参数等于 1；如果按半年期支付，frequency 参数等于 2；如果按季支付，frequency 参数等于 4。

➤ basis(可选)：表示日计数基准类型。若为 0 或省略，按 US(NASD)30/360；若为 1，按实际天数 / 实际天数；若为 2，按实际天数 /360；若为 3，按实际天数 /365；若为 4，按欧洲 30/360。

7.4.7　计算国库券的收益率

TBILLYIELD 函数用于计算国库券的收益率。例如，本例中某人在 2022 年 1 月 2 日以 93.695 元购买了面值为 ¥100 的国库券，该国库券的到期日为 2023 年 1 月 2 日，要求计算出该国库券的收益率。

打开素材文件"TBILLYIELD 函数 .xlsx"，选中 D2 单元格，在编辑栏中输入公式"=TBILLYIELD(B1,B2,B3)"，按 Enter 键，即可计算出该国库券的收益率，如图 7-33 所示。

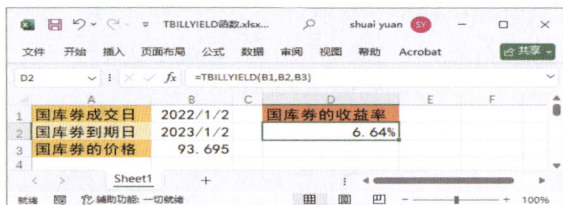

图 7-33

TBILLYIELD 函数的语法结构如下：

TBILLYIELD(settlement,maturity, pr)

TBILLYIELD 函数语法包括以下参数。

➤ settlement(必需)：表示证券的成交日。
➤ maturity(必需)：表示有价证券的到期日。
➤ pr(必需)：表示面值为 ¥100 的国库券的价格。

7.4.8　早做完秘籍——计算有价证券的收益率

使用 YIELD 函数可以计算定期付息有价证券的收益率，该函数适用于债券收益率的计算。例如，某人在 2020 年 11 月 19 日购买了 A、B 两种债券，它们的到期日均为 2023 年 12 月 30 日，按年付息；日计数基准为 2。A 债券的票面利率为 5%，成交价格为 97 元；B 债券的票面利率为 6%，成交价格为 90 元；两者的清偿价值均为 100 元。若该人持有这些证券至到期日，可以计算这两种债券的到期收益率。

<< 扫码获取配套视频课程。

打开素材文件"计算有价证券的收益率 .xlsx"，选中 B10 单元格，输入公式"=YIELD (B2,B3,B4,B5,B6,B7,B8)"，按 Enter 键，计算出 A 债券的收益率。将公式向右填充至单元格 C10，计算出 B 债券的收益率，如图 7-34 所示。

YIELD 函数的语法结构如下：

```
YIELD(settlement, maturity, rate, pr, redemption, frequency, [basis])
```

图 7-34

YIELD 函数语法包括以下参数。

➤ settlement(必需)：表示有价证券的结算日，即发行日之后，有价证券卖给购买者的日期。

➤ maturity(必需)：表示有价证券的到期日，即证券有效期截止的日期。

➤ rate(必需)：表示有价证券的年息票利率。

➤ pr(必需)：表示有价证券的价格 (按面值为 ¥100 计算)。

➤ redemption(必需)：表示面值 ¥100 的有价证券的清偿价值。

➤ frequency(必需)：表示年付息次数。按年支付为 1；按半年期支付为 2；按季支付为 4。

➤ basis(可选)：表示要使用的日计数基准类型。

7.4.9 早做完秘籍——计算有价证券的贴现率

DISC 函数用于返回有价证券的贴现率，以下是如何使用 DISC 函数计算有价证券贴现率的操作方法。

< < 扫码获取配套视频课程。

打开素材文件"计算有价证券的贴现率 .xlsx"，选中 D2 单元格，在编辑栏中输入公式"=DISC(B1,B2,B3,B4,B5)"，按下键盘上的 Enter 键，计算出有价证券的贴现率，如

图 7-35 所示。

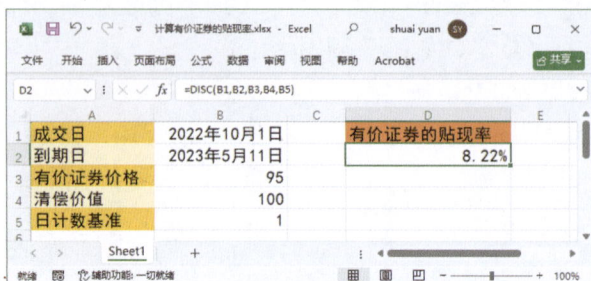

图 7-35

DISC 函数的语法结构如下：

DISC(settlement, maturity, pr, redemption, [basis])

DISC 函数语法包括以下参数。

settlement(必需)：表示有价证券的结算日。有价证券结算日是在发行日之后，有价证券卖给购买者的日期。

maturity(必需)：表示有价证券的到期日。到期日是有价证券有效期截止时的日期。

pr(必需)：表示有价证券的价格（ 按面值为 ¥100 计算 ）。

rcdemption(必需)：表示面值为 ¥100 的有价证券的清偿价值。

basis(可选)：表示要使用的日计数基准类型。

7.5　AI 办公——使用 WPS AI 计算每年折旧额

使用 WPS AI 生成 SLN 函数公式，可以计算固定资产的每年折旧额，下面详细介绍其操作步骤。

<< 扫码获取配套视频课程。

第 1 步 启动 WPS Office 软件，打开素材文件 "计算固定资产的每年折旧额 .xlsx"。选择 E2 单元格，① 单击【WPS AI】菜单；② 选择【AI 写公式】菜单项，如图 7-36 所示。

第 2 步 系统会弹出一个指令输入框，在其中输入指令 "计算在折旧期限为 C2 下原值 B2 到残值 D2 的一个期间中的线性折旧值"，按 Enter 键，如图 7-37 所示。

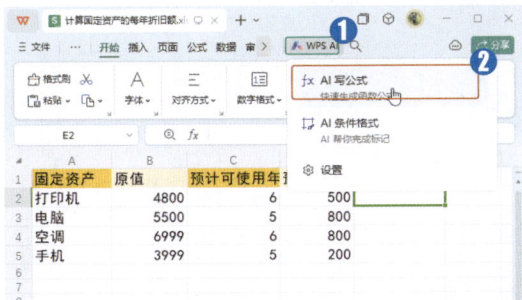

图 7-36

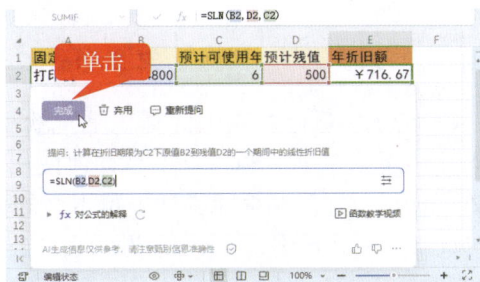

图 7-37

第 3 步 系统正在解析指令，用户需在线等待一段时间，如图 7-38 所示。

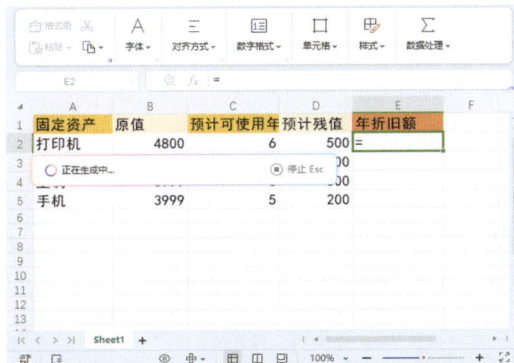

图 7-38

第 4 步 在指令输入框中会显示公式结果，用户可以检查该公式是否为自己想要的，确认无误后，单击【完成】按钮，如图 7-39 所示。

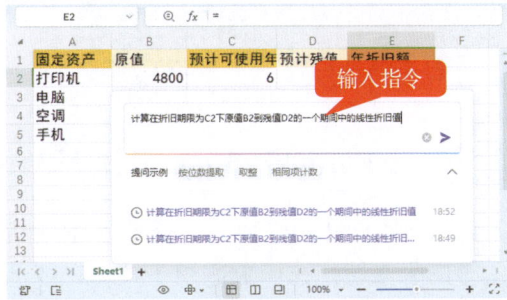

图 7-39

第 5 步 将鼠标指针移动到 E2 单元格的右下角，当鼠标指针变成"十"字形状时，向下拖动填充公式，计算出各项固定资产的每年折旧额，如图 7-40 所示。

图 7-40

第 6 步 WPS AI 显示公式结果后，用户可以单击【对公式的解释】折叠按钮 ，查看【公式意义】、【函数解释】以及【参数解释】等详细信息，如图 7-41 所示。

图 7-41

7.6 不加班问答实录

7.6.1 如何计算浮动利率存款的未来值

FVSCHEDULE 函数用于计算基于一系列复利返回本金的未来值。该函数适用于计算在变动或可调利率下的投资未来值。以下详细介绍其操作方法。

选择 D2 单元格，在编辑栏中，输入公式"=FVSCHEDULE(C2,(B2:B13)/12)"，然后按下键盘上的 Ctrl+Shift+Enter 组合键。在 D2 单元格中，系统会自动计算出浮动利率存款的未来值，如图 7-42 所示。

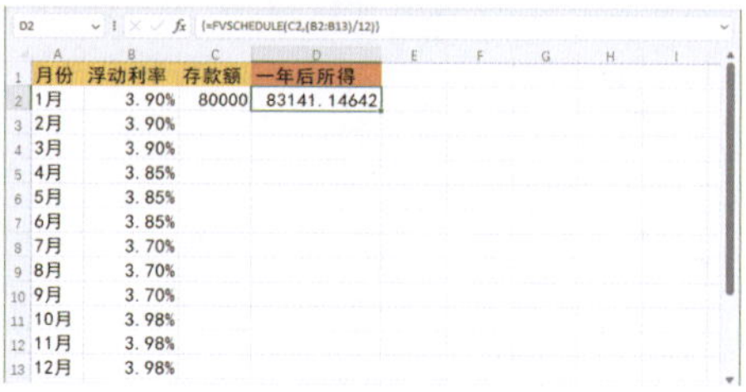

图 7-42

7.6.2 如何计算两个付款期之间累计支付的本金

CUMPRINC 函数用于计算一笔贷款在给定两个期间累计偿还的本金数额。以下是如何使用 CUMPRINC 函数计算两个付款期之间累计支付本金的操作方法。

选择 B5 单元格，在编辑栏中输入公式"=CUMPRINC(B4/12,B3*12,B2,25,36,0)"，按下键盘上的 Enter 键。在 B5 单元格中，系统会自动计算出第三年支付的利息，从而完成计算两个付款期之间累计支付利息的操作，如图 7-43 所示。

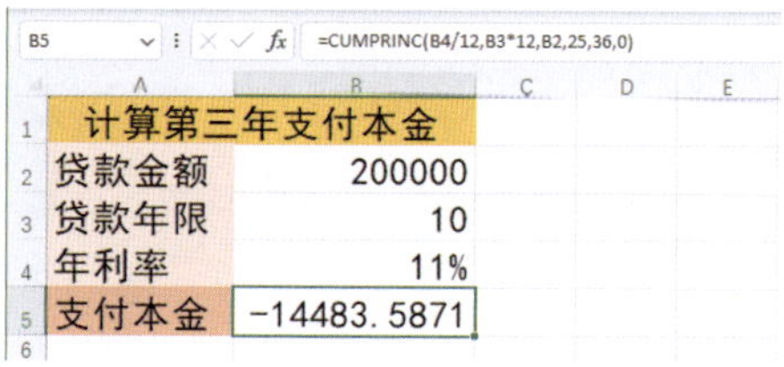

图 7-43

7.6.3 如何计算到期付息的有价证券的年收益率

YIELDMAT 函数用于计算到期付息的有价证券的年收益率。以下详细介绍使用 YIELDMAT 函数计算到期付息的有价证券的年收益率的操作方法。

选中 D2 单元格，在编辑栏中输入公式"=YIELDMAT(B1,B2,B3,B4,B5,B6)"，然后按下键盘上的 Enter 键，计算出到期付息的有价证券的年收益率，如图 7-44 所示。

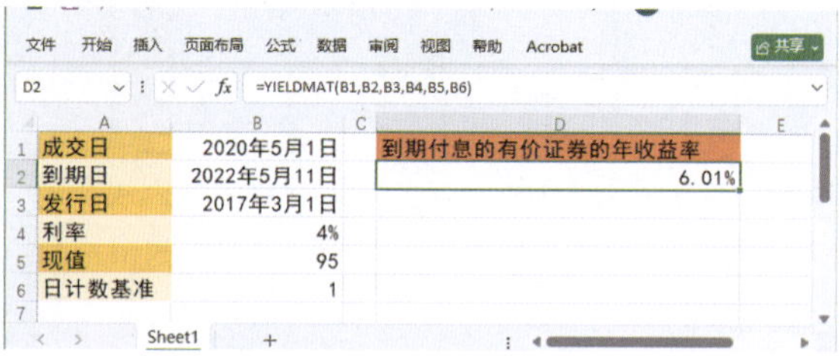

图 7-44

第 8 章

用手机扫描二维码
获取本章学习素材

数据库统计与应用

◎ 常规统计
◎ 计算方差及标准差
◎ AI办公——使用WPS AI计算语文成绩大于90分者的最高总成绩
◎ 不加班问答实录

本章知识要点

本章主要内容

　　本章主要介绍了数据库统计与应用的相关知识和技巧，主要内容包括常规统计、计算方差及标准差，最后还介绍了使用WPS AI计算语文成绩大于90分者的最高总成绩操作和一些常见的Excel公式问题解答。

8.1 常规统计

用户可以使用 DSUM 函数、DAVERAGE 函数、DCOUNT 函数、DCOUNTA 函数和 DMAX 函数来进行数据库的常规统计，本节将介绍一些数据库函数在常规统计中的应用案例，并对其进行详细讲解。

8.1.1 统计符合条件的销售额总和

DSUM 函数用于计算数据库中满足指定条件的指定列中数字的总和。以下是如何使用 DSUM 函数来统计符合条件的销售额总和的方法。

<< 扫码获取配套视频课程。

打开本例的素材文件"DSUM 函数 .xlsx"，选择 C11 单元格，在编辑栏中输入公式"=DSUM(A1:D9,4,E2:G3)"，按下键盘上的 Enter 键。在 C11 单元格中，系统会自动统计出符合条件的销售额总和，如图 8-1 所示。

图 8-1

DSUM 函数的语法结构如下：

```
DSUM(database, field, criteria)
```

DSUM 函数语法包括以下参数。

➢ database(必需)：表示构成列表或数据库的单元格区域。数据库是包含一组相关数据的列表，其中包含相关信息的行为记录，而包含数据的列为字段。列表的第一行包含每一列的标签。

➤ field(必需)：表示指定函数所使用的列。输入两端带双引号的列标签，如"销售额"；或是代表列在列表中的位置的数字 (不带引号)：1 表示第一列，2 表示第二列，以此类推。

➤ criteria(必需)：表示包含指定条件的单元格区域。用户可以为参数 criteria 指定任意区域，只要此区域包含至少一个列标签，并且列标签下方包含至少一个指定列条件的单元格。

知识拓展

使用 DSUM 函数时，如果要对数据库的整个列进行操作，需要在条件区域的相应标志下方保留一个空行。

8.1.2　统计符合条件的销售额平均值

DAVERAGE 函数用于计算列表或数据库中满足指定条件的记录字段 (列) 中的数值的平均值。以下是如何使用 DAVERAGE 函数来统计符合条件的销售额平均值的步骤。

打开本例的素材文件"DAVERAGE 函数 .xlsx"，选择 C11 单元格，在编辑栏中输入公式"=DAVERAGE(A1:D9,4,E2:G3)"，按下键盘上的 Enter 键。在 C11 单元格中，系统会自动统计出符合条件的销售额平均值，如图 8-2 所示。

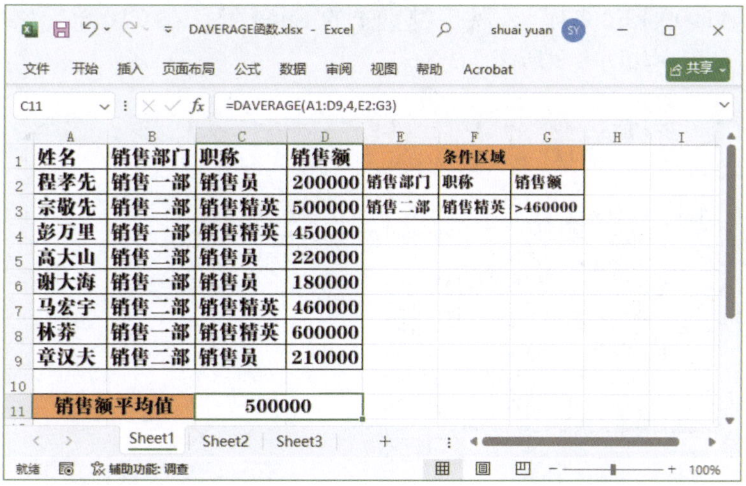

图 8-2

DAVERAGE 函数的语法结构如下：

```
DAVERAGE(database, field, criteria)
```

DAVERAGE 函数语法包括以下参数。

➤ database(必需)：表示构成列表或数据库的单元格区域。数据库是包含一组相关数据的列表，其中包含相关信息的行为记录，而包含数据的列为字段。列表的第一行包含着每一列的标志。

➤ field(必需)：表示指定函数所使用的列。输入两端带双引号的列标签，例如"销售发展"；或是代表列表中列位置的数字 (没有引号)：1 表示第一列，2 表示第二列，以此类推。

➤ criteria(必需)：表示包含所指定条件的单元格区域。可以为参数 criteria 指定任意区域，只要此区域包含至少一个列标签，并且列标签下方包含至少一个指定列条件的单元格。

8.1.3 统计满足指定条件的人数

DCOUNT 函数用于计算满足条件的包含数字的单元格个数。以下是如何使用 DCOUNT 函数来统计销售精英人数，下面详细介绍其操作方法。

<< 扫码获取配套视频课程。

打开本例的素材文件"DCOUNT 函数 .xlsx"，选择 C10 单元格，在编辑栏中，输入公式"=DCOUNT(A1:D9,4,E2:G3)"，按下键盘上的 Enter 键。在 C10 单元格中，系统会自动统计出销售精英人数，如图 8-3 所示。

图 8-3

DCOUNT 函数的语法结构如下：

```
DCOUNT(database, field, criteria)
```

DCOUNT 函数语法包括以下参数。

➤ database（必需）：表示构成列表或数据库的单元格区域。数据库是包含一组相关数据的列表，其中包含相关信息的行为记录，而包含数据的列为字段。列表的第一行包含每一列的标签。

➤ field（必需）：表示指定函数所使用的列。输入两端带双引号的列标签，如"销售额"；或是代表列在列表中的位置的数字（不带引号）：1 表示第一列，2 表示第二列，以此类推。

➤ criteria（必需）：表示包含所指定条件的单元格区域。用户可以为参数 criteria 指定任意区域，只要此区域包含至少一个列标签，并且列标签下方包含至少一个指定列条件的单元格。

8.1.4 统计业务水平为"优"的人数

DCOUNTA 函数用于返回列表或数据库中满足指定条件的记录字段（列）中的非空单元格的个数。以下是如何使用 DCOUNTA 函数来统计业务水平为"优"的员工人数的方法。

打开本例的素材文件"DCOUNTA 函数 .xlsx"，在 D12:D13 单元格区域中设置条件，包括列标识与指定的业务水平。选中 E13 单元格，在编辑栏中输入公式"=DCOUNTA(A1:D10, 4, D12:D13)"，并按下键盘上的 Enter 键，即可统计出业务水平为"优"的人数，如图 8-4 所示。

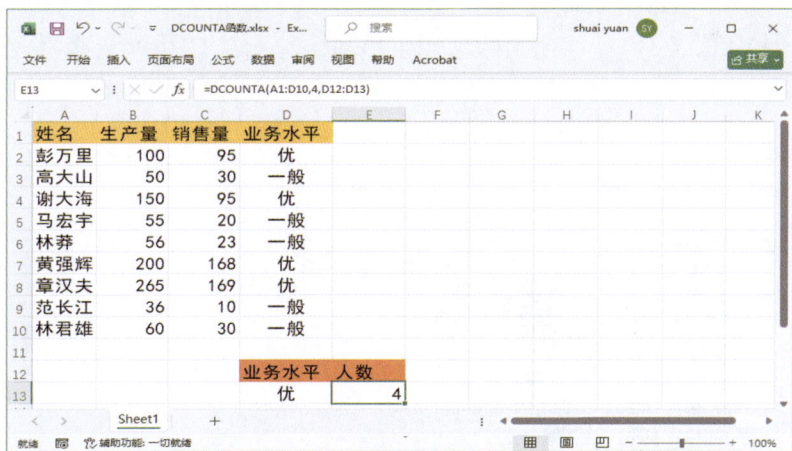

图 8-4

DCOUNTA 函数的语法结构如下：

```
DCOUNTA(database, field, criteria)
```

DCOUNTA 函数语法包括以下参数。

➤ database（必需）：表示构成列表或数据库的单元格区域。数据库是包含一组相关数据的列表，其中包含相关信息的行为记录，而包含数据的列为字段。列表的第一行包含每一列的标签。

- field(必需)：表示指定函数所使用的列。输入两端带双引号的列标签，如“业务水平”；或是代表列在列表中的位置的数字 (不带引号)：1 表示第一列，2 表示第二列，以此类推。
- criteria(必需)：表示包含所指定条件的单元格区域。可以为参数 criteria 指定任意区域，只要此区域包含至少一个列标签，并且列标签下方包含至少一个指定列条件的单元格。

知识拓展

在数据库函数中设置条件区域的方法与使用 Excel 的高级筛选功能很相似，因为它们都是在一个单独的区域中输入条件内容。区别在于：数据库函数是通过条件进行指定的计算，而高级筛选则是通过条件进行筛选。

8.1.5 提取销售员中的最高销售额

DMAX 函数用于返回列表或数据库中满足指定条件的记录字段 (列) 中的最大数字。通过使用 DMAX 函数可以方便地提取出销售员中的最高销售额，下面详细介绍其操作方法。

打开素材文件“DMAX 函数 .xlsx”，选择 C10 单元格，在编辑栏中输入公式“=DMAX(A1:D9,4,E2:G3)”，并按下键盘上的 Enter 键。在 C10 单元格中，系统会自动提取出销售员的最高销售额，如图 8-5 所示。

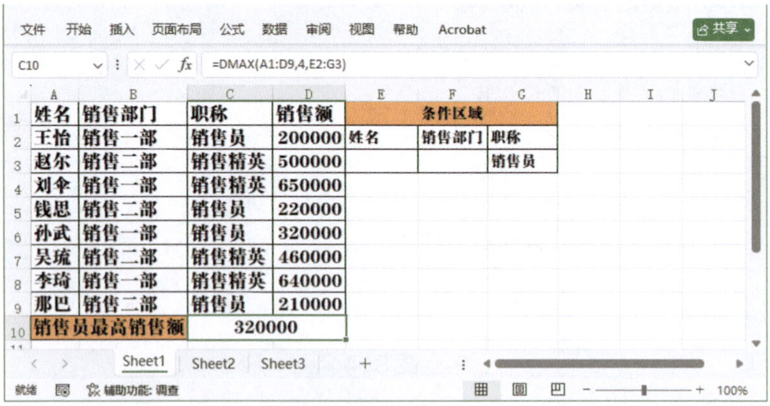

	A	B	C	D	E	F	G
1	姓名	销售部门	职称	销售额	条件区域		
2	王怡	销售一部	销售员	200000	姓名	销售部门	职称
3	赵尔	销售二部	销售精英	500000			销售员
4	刘伞	销售一部	销售精英	650000			
5	钱思	销售二部	销售员	220000			
6	孙武	销售一部	销售员	320000			
7	吴琉	销售二部	销售精英	460000			
8	李琦	销售一部	销售精英	640000			
9	那巴	销售二部	销售员	210000			
10	销售员最高销售额		320000				

图 8-5

DMAX 函数的语法结构如下：

```
DMAX(database, field, criteria)
```

DMAX 函数语法包括以下参数。

- database(必需)：表示构成列表或数据库的单元格区域。数据库是包含一组相关数据的列表，其中包含相关信息的行为记录，而包含数据的列为字段。列表的第一行包含每一列的标签。
- field(必需)：表示指定函数所使用的列。输入两端带双引号的列标签，如 " 使用年数 " 或 " 产量 "；或是代表列在列表中的位置的数字 (不带引号)：1 表示第一列，2 表示第二列，以此类推。
- criteria(必需)：表示包含所指定条件的单元格区域。用户可以为参数 criteria 指定任意区域，只要此区域包含至少一个列标签，并且列标签下方包含至少一个指定列条件的单元格。

8.1.6 早做完秘籍——统计性别为"女"且业务水平为"优"的人数

本例表格中统计了员工的销售业务水平，其中还包括性别信息。现要求计算出指定性别为"女"，且业务水平为"优"的员工人数。

<< 扫码获取配套视频课程。

打开素材文件"员工销售业务水平 .xlsx"，在 C12:D13 单元格区域中设置条件，包括列标识与指定的性别"女"与业务水平"优"的条件。选中 E13 单元格，在公式编辑栏中输入公式"=DCOUNTA(A1:D10, 4, C12:D13)"，按 Enter 键即可统计出性别为"女"且业务水平为"优"的人数，如图 8-6 所示。

图 8-6

知识拓展 ■▮▯

在本例中，第 3 个参数必须引用 C12:D13 单元格区域中设置的条件，即同时满足性别为"女"和业务水平为"优"这两个条件，在 A1:D10 单元格区域中使用第 4 列中的数据作为统计数据。

8.2 计算方差及标准差

用户可以使用 DSTDEV 函数、DSTDEVP 函数和 DVAR 函数来计算方差及标准差。本节将详细介绍这些函数的相关知识及应用案例。

8.2.1 计算员工的年龄标准差

DSTDEV 函数用于返回列表或数据库中满足指定条件的记录字段（列）中的数字作为一个样本估算出的总体标准偏差。以下是某公司销售部门人员统计表，现要求计算该部门员工的年龄标准差。

<< 扫码获取配套视频课程

打开素材文件"DSTDEV 函数 .xlsx"，选择 D13 单元格，在编辑栏中输入公式"=DSTDEV(A1:G9, 4, A11:G12)"，并按下键盘上的 Enter 键。在 D13 单元格中，系统会计算出员工的年龄标准差，如图 8-7 所示。

图 8-7

DSTDEV 函数的语法结构如下：

```
DSTDEV(database, field, criteria)
```

DSTDEV 函数语法包括以下参数。

➢ database(必需)：表示构成列表或数据库的单元格区域。数据库是包含一组相关数据的列表，其中包含相关信息的行为记录，而包含数据的列为字段。列表的第一行包含每一列的标签。

➢ field(必需)：表示指定函数所使用的列。输入两端带双引号的列标签，如"年龄"；或是代表列在列表中的位置的数字 (不带引号)：1 表示第一列，2 表示第二列，以此类推。

➢ criteria(必需)：表示包含所指定条件的单元格区域。用户可以为参数 criteria 指定任意区域，只要此区域包含至少一个列标签，并且列标签下方包含至少一个指定列条件的单元格。

知识拓展

如果数据库中的数据只是整个数据的一个样本，则使用 DSTDEV 函数计算出的是以此样本估算出的标准偏差。标准偏差用来测度统计数据的差异程度，标准偏差越接近 0 值表示差异度越小。

8.2.2 计算员工总体年龄标准差

DSTDEVP 函数用于返回列表或数据库中满足指定条件的记录字段 (列) 中的数字作为样本总体计算出的总体标准偏差。本例的工作表是某公司销售部门人员统计表，现要求计算该部门员工总体年龄标准差。

打开素材文件"DSTDEVP 函数 .xlsx"，选择 D13 单元格，在编辑栏中输入公式"=DSTDEVP(A1:G9,4,A11:G12)"，按下键盘上的 Enter 键。在 D13 单元格中，系统会计算出员工的总体年龄标准差，如图 8-8 所示。

DSTDEVP 函数的语法结构如下：

```
DSTDEVP(database, field, criteria)
```

DSTDEVP 函数语法包括以下参数。

➢ database(必需)：表示构成列表或数据库的单元格区域。数据库是包含一组相关数据的列表，其中包含相关信息的行为记录，而包含数据的列为字段。列表的第一行包含每一列的标签。

➢ field(必需)：表示指定函数所使用的列。输入两端带双引号的列标签，如"年龄"；或是代表列在列表中的位置的数字 (不带引号)：1 表示第一列，2 表示第二列，以此类推。

➢ criteria(必需)：表示包含所指定条件的单元格区域。用户可以为参数 criteria 指定任意区域，只要此区域包含至少一个列标签，并且列标签下方包含至少一个指定列条件的单元格。

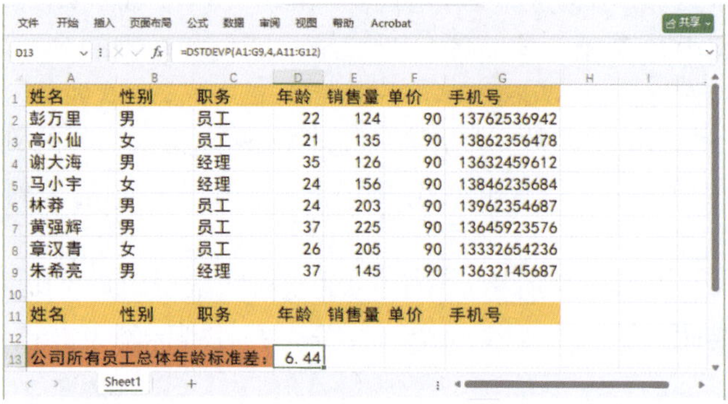

图 8-8

8.2.3 计算男员工年龄的样本总体方差

DVAR 函数可以用于返回满足条件的样本总体方差，通过使用 DVAR 函数可以方便地计算男员工年龄的样本总体方差，下面详细介绍其操作方法。

<< 扫码获取配套视频课程。

打开素材文件"DVAR 函数 .xlsx"，选择 D13 单元格，在编辑栏中输入公式"=DVAR(A1:G9,4,A11:G12)"，按下键盘上的 Enter 键。在 D13 单元格中，系统会自动计算出男员工年龄的样本总体方差，如图 8-9 所示。

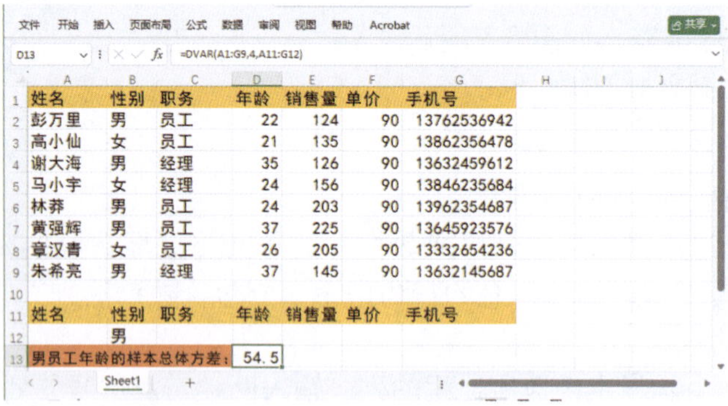

图 8-9

DVAR 函数的语法结构如下：

```
DVAR(database, field, criteria)
```

DVAR 函数语法包括以下参数。

➤ database(必需)：表示构成列表或数据库的单元格区域。数据库是包含一组相关数据的列表，其中包含相关信息的行为记录，而包含数据的列为字段。列表的第一行包含每一列的标签。

➤ field(必需)：表示指定函数所使用的列。输入两端带双引号的列标签，如 "年龄"或是代表列在列表中的位置的数字 (不带引号)；1 表示第一列，2 表示第二列，依次类推。

➤ criteria(必需)：表示包含所指定条件的单元格区域。可以为参数指定 criteria 指定任意区域，只要此区域包含至少一个列标签，并且列标签下方至少有一个在其中为列指定条件的单元格。

知识拓展

如果数据库中的男性员工只有一名，那么 DVAR 函数将返回错误值 "#DIV/0!"，因为方差计算需要至少两个数据点。

8.2.4 早做完秘籍——计算销售员销售额的总体方差值

DVARP 函数用于通过使用列表或数据库中满足指定条件的记录字段 (列) 中的数字计算样本总体的样本总体方差，通过使用 DVARP 函数可以方便地计算销售员销售额的总体方差值，下面详细介绍其操作方法。

<< 扫码获取配套视频课程。

打开素材文件 "计算销售员销售额的总体方差值 .xlsx"，选择 C8 单元格，在编辑栏中，输入公式 "=DVARP(A1:D7,4,E2:G3)"，按下键盘上的 Enter 键，在 C8 单元格中，系统会自动计算出销售员销售额的总体方差值，如图 8-10 所示。

图 8-10

DVARP 函数的语法结构如下：

```
DVARP(database, field, criteria)
```

DVARP 函数语法包括以下参数。

➢ database(必需)：表示构成列表或数据库的单元格区域。数据库是包含一组相关数据的列表，其中包含相关信息的行为记录，而包含数据的列为字段。列表的第一行包含每一列的标签。

➢ field(必需)：表示指定函数所使用的列。输入两端带双引号的列标签，如"销售额"；或是代表列在列表中的位置的数字 (不带引号)：1 表示第一列，2 表示第二列，依次类推。

➢ criteria(必需)：表示包含所指定条件的单元格区域。可以为参数 criteria 指定任意区域，只要此区域包含至少一个列标签，并且列标签下方至少有一个在其中为列指定条件的单元格。

📚 知识拓展 ■ ■ ■

在本例公式中，A1:D7 单元格区域用于 DVARP 函数的 database 参数，即原始数据库。在该数据库中，要计算销售员销售额的总体方差。条件区域 E2:G3 中列出了提取条件，即职称为"销售员"的员工，然后使用 DVARP 函数按此条件计算销售额的总体方差。

8.3 AI 办公——计算语文成绩大于 90 分的最高总成绩

MAXIFS 函数用于返回一组给定条件或标准指定的单元格中的最大值。MAXIFS 函数可以根据多个条件查找最大值，适用于返回区域为数值的情况，并且可以扩展应用于多种场景。以下是如何使用 WPS AI 计算语文成绩大于 90 分者的最高总成绩的操作步骤。

<< 扫码获取配套视频课程。

第 1 步 启动 WPS Office 软件，打开素材文件"学生成绩 .xlsx"，选择 G2 单元格，① 在菜单栏中单击【WPS AI 】菜单；② 选择【AI 写公式】菜单项，如图 8-11 所示。

第 2 步 系统会弹出一个指令输入框，在其中输入指令"计算语文成绩大于 90 分者的最高总成绩"，按 Enter 键，如图 8-12 所示。

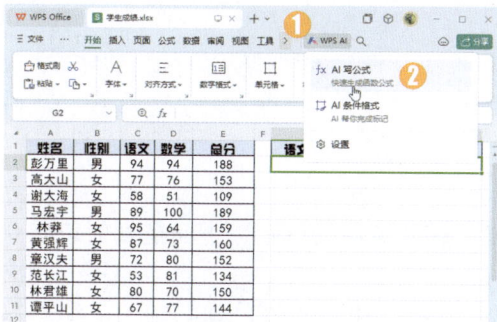

图 8-11

第3步 系统正在解析指令，用户需要在线等待一段时间，如图 8-13 所示。

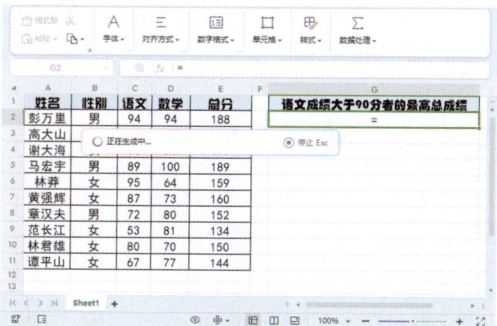

图 8-12

第4步 在指令输入框中会显示出应用MAXIFS 函数公式的结果，用户可以检查该公式是否为自己想要的，确认无误后，单击【完成】按钮，如图 8-14 所示。

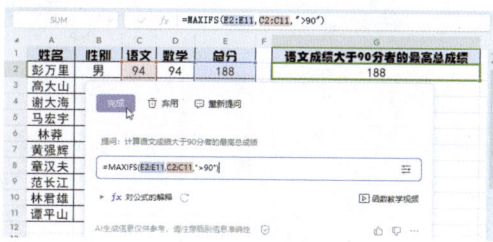

图 8-13

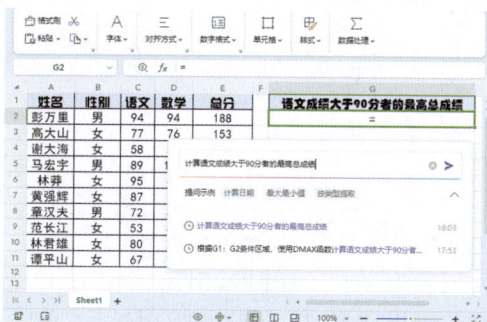

图 8-14

第5步 在 G2 单元格中，系统会自动计算出语文成绩大于 90 分者的最高总成绩，这样即可完成使用 WPS AI 计算语文成绩大于90 分者的最高总成绩的操作，如图 8-15 所示。

第6步 WPS AI 显示公式结果后，用户还可以单击【对公式的解释】折叠按钮，展开查看本例【公式意义】、【函数解释】以及【参数解释】等详细信息，如图 8-16 所示。

图 8-15

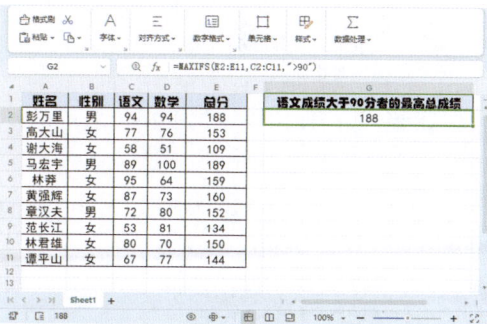

图 8-16

8.4 不加班问答实录

8.4.1 如何使用 DCOUNT 函数忽略 0 值统计数据

如果准备实现忽略 0 值统计记录条数，其关键仍在于条件的设置，下面是如何忽略 0 值统计成绩小于 60 分的人数的操作方法。

首先设置条件，在本例的 D4:E5 单元格中设置条件，其条件包含列标识"成绩"，区间为"<60""<>0"。选中 D8 单元格，在编辑栏中输入公式"=DCOUNT(A1:B10,2,D4:E5)"，按下键盘上的 Enter 键，即可统计出成绩小于 60 且不为 0 值的人数，如图 8-17 所示。

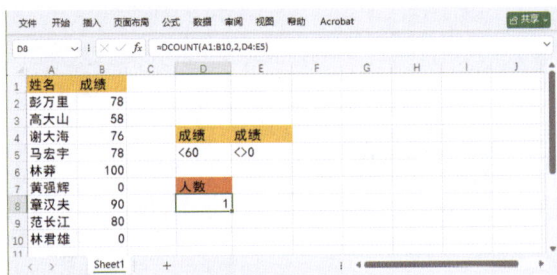

图 8-17

8.4.2 如何提取销售二部的最低销售额

DMIN 函数是用于返回满足条件的最小值，通过使用 DMIN 函数可以方便地提取出销售二部的最低销售额，下面详细介绍其操作方法。

选择 C10 单元格，在编辑栏中输入公式"=DMIN(A1:D9,4,E2:G3)"，按下键盘上的 Enter 键。在 C10 单元格中，系统会自动提取出销售二部的最低销售额，通过以上方法，即可完成提取销售二部的最低销售额的操作，如图 8-18 所示。

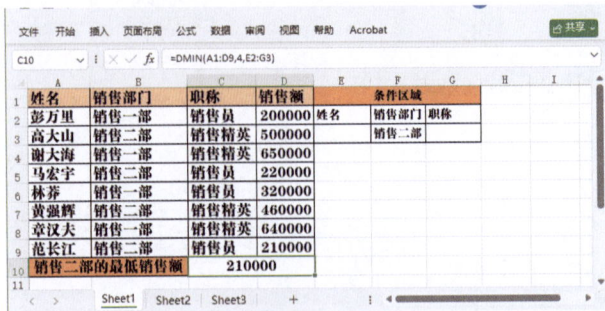

图 8-18

第 **9** 章

用手机扫描二维码
获取本章学习素材

错误值及常见问题

**本章知识
要点**

◎ 返回错误值的解决办法
◎ 使用Excel公式工作时的常见问题

**本章主要
内容**

本章主要介绍了错误值及常见问题处理的相关知识和技巧，主要内容包括返回错误值的解决办法，以及使用Excel公式工作时的常见问题。

9.1 返回错误值的解决办法

在 Excel 中，错误值通常是由于公式输入不正确、引用参数不正确或引用数据不匹配等造成的。如“#DIV/0!”“#N/A”“#NAME?”“#NULL”“#NUM!”“#REF!”“#VALUE!”和“#####”等错误值，本节将详细介绍公式返回错误的相关知识及解决方法。

9.1.1 “#####”错误值的解决办法

在进行公式计算时，有时会出现“#####”错误值，主要原因是由于单元列宽不够，导致不能完全显示输入的内容，如图 9-1 所示。以下是解决这个问题的具体方法。

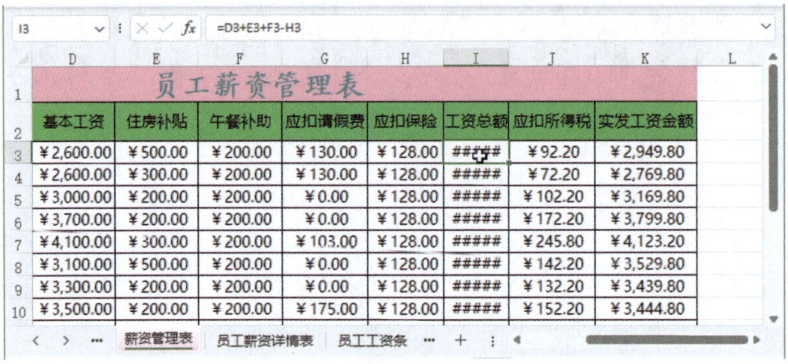

I3 =D3+E3+F3-H3

	D	E	F	G	H	I	J	K
1	员工薪资管理表							
2	基本工资	住房补贴	午餐补助	应扣请假费	应扣保险	工资总额	应扣所得税	实发工资金额
3	¥2,600.00	¥500.00	¥200.00	¥130.00	¥128.00	#####	¥92.20	¥2,949.80
4	¥2,600.00	¥300.00	¥200.00	¥130.00	¥128.00	#####	¥72.20	¥2,769.80
5	¥3,000.00	¥200.00	¥200.00	¥0.00	¥128.00	#####	¥102.20	¥3,169.80
6	¥3,700.00	¥200.00	¥200.00	¥0.00	¥128.00	#####	¥172.20	¥3,799.80
7	¥4,100.00	¥300.00	¥200.00	¥103.00	¥128.00	#####	¥245.80	¥4,123.20
8	¥3,100.00	¥500.00	¥200.00	¥0.00	¥128.00	#####	¥142.20	¥3,529.80
9	¥3,300.00	¥200.00	¥200.00	¥0.00	¥128.00	#####	¥132.20	¥3,439.80
10	¥3,500.00	¥200.00	¥200.00	¥175.00	¥128.00	#####	¥152.20	¥3,444.80

薪资管理表 员工薪资详情表 员工工资条

图 9-1

选中包含“#####”错误值的列，将鼠标指针移动到 I 列与 J 列之间的分隔线上，当鼠标指针变成↔时，双击鼠标即可得到正确的运算结果，内容应该现在可以完全显示，如图 9-2 所示。

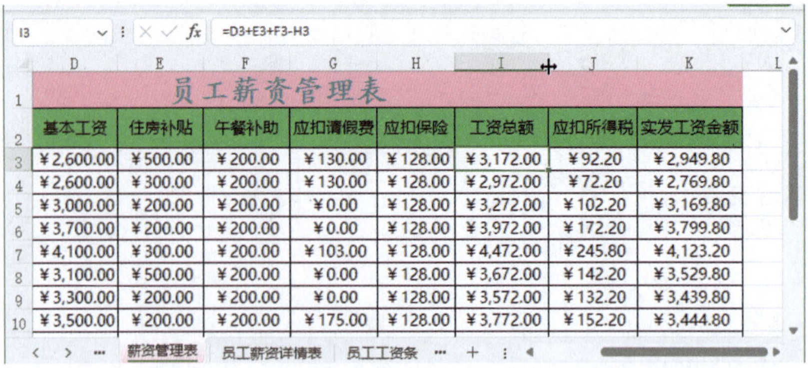

I3 =D3+E3+F3-H3

	D	E	F	G	H	I	J	K
1	员工薪资管理表							
2	基本工资	住房补贴	午餐补助	应扣请假费	应扣保险	工资总额	应扣所得税	实发工资金额
3	¥2,600.00	¥500.00	¥200.00	¥130.00	¥128.00	¥3,172.00	¥92.20	¥2,949.80
4	¥2,600.00	¥300.00	¥200.00	¥130.00	¥128.00	¥2,972.00	¥72.20	¥2,769.80
5	¥3,000.00	¥200.00	¥200.00	¥0.00	¥128.00	¥3,272.00	¥102.20	¥3,169.80
6	¥3,700.00	¥200.00	¥200.00	¥0.00	¥128.00	¥3,972.00	¥172.20	¥3,799.80
7	¥4,100.00	¥300.00	¥200.00	¥103.00	¥128.00	¥4,472.00	¥245.80	¥4,123.20
8	¥3,100.00	¥500.00	¥200.00	¥0.00	¥128.00	¥3,672.00	¥142.20	¥3,529.80
9	¥3,300.00	¥200.00	¥200.00	¥0.00	¥128.00	¥3,572.00	¥132.20	¥3,439.80
10	¥3,500.00	¥200.00	¥200.00	¥175.00	¥128.00	¥3,772.00	¥152.20	¥3,444.80

薪资管理表 员工薪资详情表 员工工资条

图 9-2

9.1.2 “#N/A”错误值的解决办法

在进行公式计算时，如果运算结果显示为“#N/A”错误值，表明公式中引用的数据源不正确或者不可用。此时，用户需要重新引用正确的数据源。下面具体介绍“#N/A”错误值的解决办法。

本例中在使用 VLOOKUP 函数或其他查找函数查找数据时，如果找不到匹配的值，将返回“#N/A”错误值。在公式中引用了 B10 单元格的值作为查找源，而 A2:A7 单元格区域中找不到 B10 单元格中指定的值，所以返回了错误值，如图 9-3 所示。

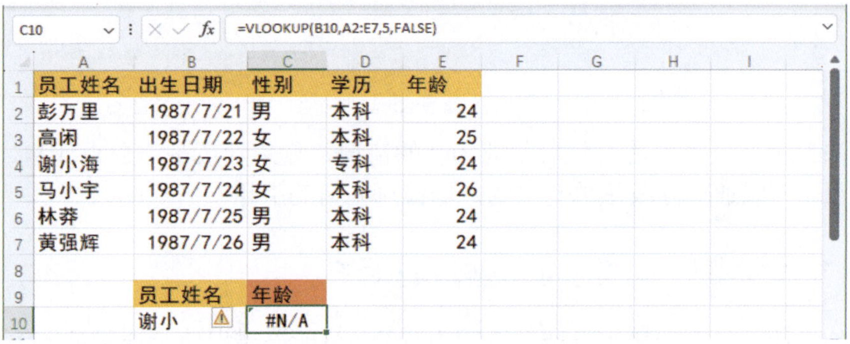

C10 =VLOOKUP(B10,A2:E7,5,FALSE)

	A	B	C	D	E
1	员工姓名	出生日期	性别	学历	年龄
2	彭万里	1987/7/21	男	本科	24
3	高闲	1987/7/22	女	本科	25
4	谢小海	1987/7/23	女	专科	24
5	马小宇	1987/7/24	女	本科	26
6	林莽	1987/7/25	男	本科	24
7	黄强辉	1987/7/26	男	本科	24
8					
9		员工姓名	年龄		
10		谢小	#N/A		

图 9-3

解决办法：选择 B10 单元格，将错误的员工姓名更正为“谢小海”，即可消除“#N/A”错误值，如图 9-4 所示。

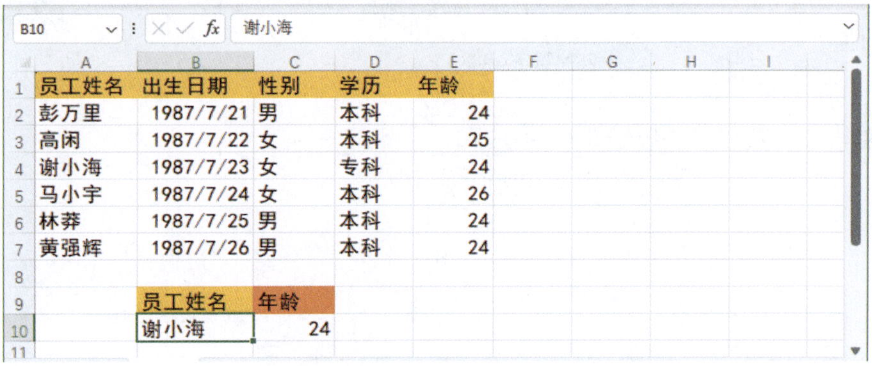

B10 谢小海

	A	B	C	D	E
1	员工姓名	出生日期	性别	学历	年龄
2	彭万里	1987/7/21	男	本科	24
3	高闲	1987/7/22	女	本科	25
4	谢小海	1987/7/23	女	专科	24
5	马小宇	1987/7/24	女	本科	26
6	林莽	1987/7/25	男	本科	24
7	黄强辉	1987/7/26	男	本科	24
8					
9		员工姓名	年龄		
10		谢小海	24		

图 9-4

9.1.3 “#DIV/0!”错误值的解决办法

在进行公式计算时，如果运算结果显示为“#DIV/0!”错误值，说明公式中存在除数为 0 或除数为空白单元格的情况，如图 9-5 所示。

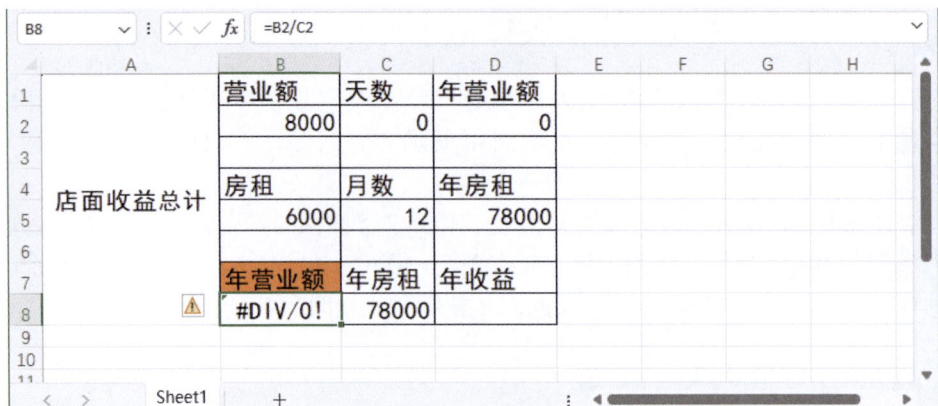

图 9-5

解决方法：检查公式中是否包含除数为 0 的情况；如果除数是空白单元格，Excel 会将其视为 0 处理。可以通过修改该单元格的数据或单元格的引用来解决问题。

9.1.4 "#NAME?"错误值的解决办法

在进行公式计算时，如果运算结果显示为"#NAME?"错误值，通常是因为在公式中输入了错误的函数名称，如图 9-6 所示。

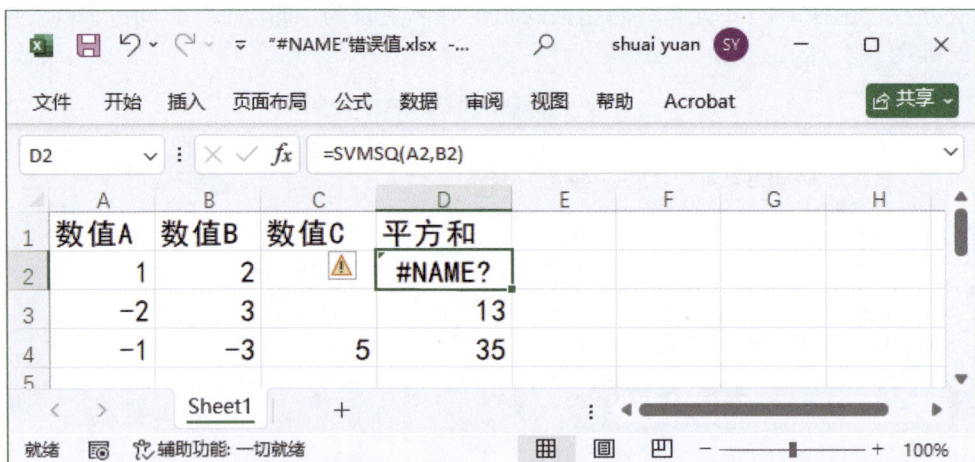

图 9-6

此错误是函数名称拼写错误所致。双击 D2 单元格，进入公式编辑状态，将"SVMSQ"更正为"SUMSQ"，然后按下键盘上的 Enter 键，即可得到正确的运算结果，从而解决该问题，如图 9-7 所示。

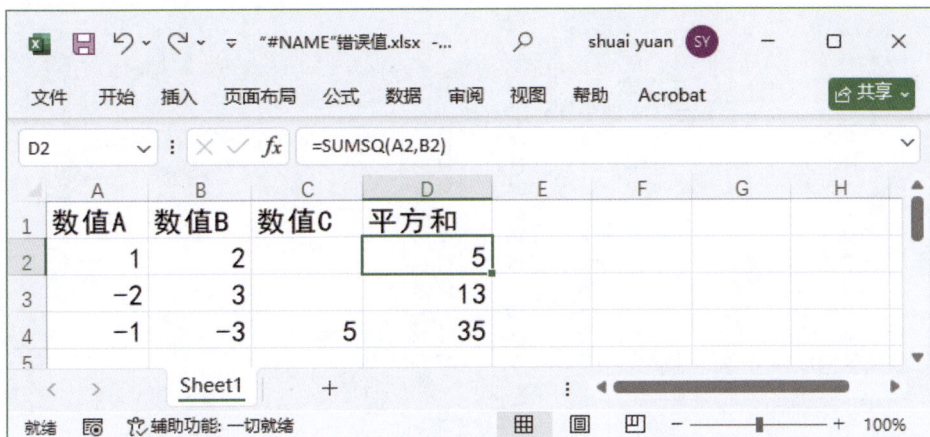

图 9-7

知识拓展：导致"#NAME?"错误值的其他情况

在公式中引用文本时未加双引号；引用了未定义的名称；引用单元格区域时遗漏了冒号 (:)，这些情况都可能导致出现"#NAME?"错误值。

9.1.5 "#VALUE!"错误值的解决办法

在进行公式计算时，如果运算结果显示为"#VALUE!"错误值，主要原因是将文本类型的数据参与了数值运算。此时需要检查公式中各元素的数据类型是否一致，如图 9-8 所示。

图 9-8

解决方法：在本例中，G9 单元格显示"#VALUE!"错误值，双击 E9 单元格，删除"分"字，然后按下键盘上的 Enter 键，即可得到正确的运算结果，如图 9-9 所示。

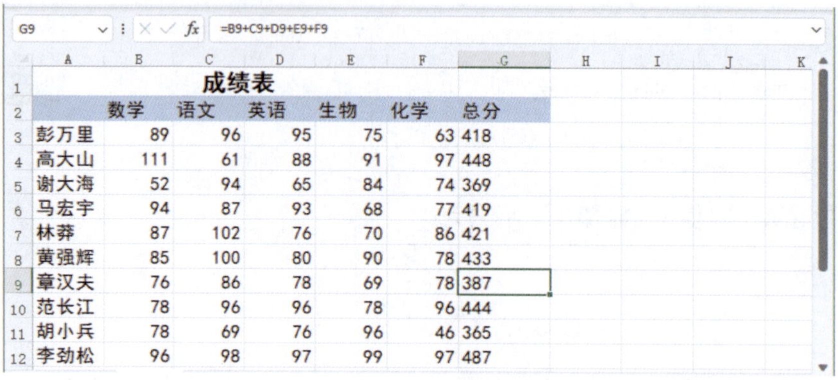

G9 =B9+C9+D9+E9+F9

成绩表						
	数学	语文	英语	生物	化学	总分
彭万里	89	96	95	75	63	418
高大山	111	61	88	91	97	448
谢大海	52	94	65	84	74	369
马宏宇	94	87	93	68	77	419
林莽	87	102	76	70	86	421
黄强辉	85	100	80	90	78	433
章汉夫	76	86	78	69	78	387
范长江	78	96	96	78	96	444
胡小兵	78	69	76	96	46	365
李劲松	96	98	97	99	97	487

图 9-9

9.1.6 "#NUM!"错误值的解决办法

出现"#NUM!"错误值的原因是公式中使用的函数引用了无效的参数。例如，计算某数值的算术平均值时，SQRT 函数引用的 A3 单元格数值为负数，因此在 B3 单元格中会返回"#NUM!"错误值，如图 9-10 所示。

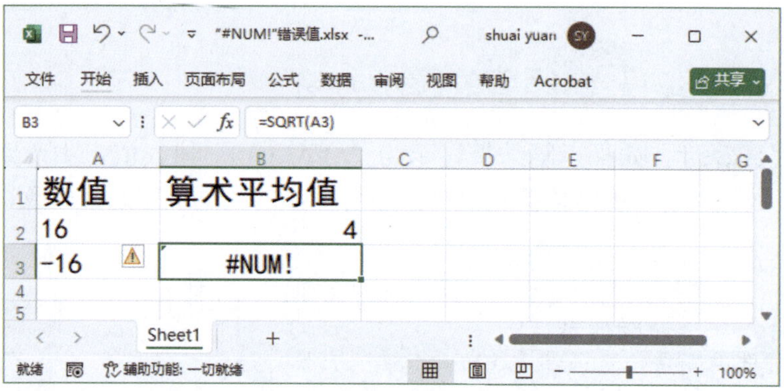

图 9-10

解决办法：针对此错误值，只需正确引用函数的参数即可。

9.1.7 "#REF!"错误值的解决办法

"#REF!"错误值的出现是因为在公式中引用了无效的单元格。例如，在本例中，C 列中建立的公式使用了 B 列的数据。当将 B 列删除时，公式无法找到用于计算的数据，从而出现"#REF!"错误值，如图 9-11 所示。

对于此错误值的解决办法是保留引用的数据。若不需要显示这些数据，可以选择将其隐藏。

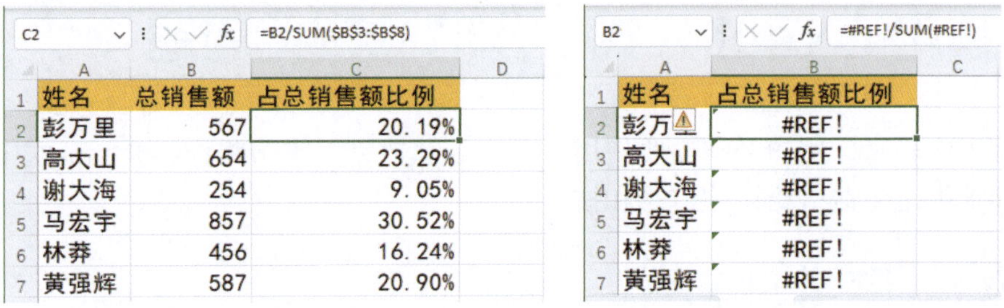

C2 =B2/SUM($B$3:$B$8)

	A	B	C
1	姓名	总销售额	占总销售额比例
2	彭万里	567	20.19%
3	高大山	654	23.29%
4	谢大海	254	9.05%
5	马宏宇	857	30.52%
6	林莽	456	16.24%
7	黄强辉	587	20.90%

B2 =#REF!/SUM(#REF!)

	A	B
1	姓名	占总销售额比例
2	彭万	#REF!
3	高大山	#REF!
4	谢大海	#REF!
5	马宏宇	#REF!
6	林莽	#REF!
7	黄强辉	#REF!

图 9-11

9.1.8 “#NULL!”错误值的解决办法

在进行公式计算时，如果运算结果为“#NULL!”错误值，原因是在公式中使用了不正确的区域运算符，如图 9-12 所示。

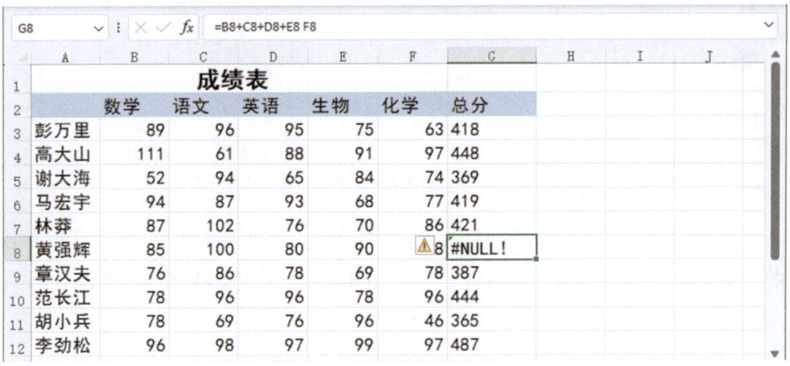

G8 =B8+C8+D8+E8 F8

	A	B	C	D	E	F	G
1	成绩表						
2		数学	语文	英语	生物	化学	总分
3	彭万里	89	96	95	75	63	418
4	高大山	111	61	88	91	97	448
5	谢大海	52	94	65	84	74	369
6	马宏宇	94	87	93	68	77	419
7	林莽	87	102	76	70	86	421
8	黄强辉	85	100	80	90	8	#NULL!
9	章汉夫	76	86	78	69	78	387
10	范长江	78	96	96	78	96	444
11	胡小兵	78	69	76	96	46	365
12	李劲松	96	98	97	99	97	487

图 9-12

解决办法：双击 G8 单元格，将公式“=B8+C8+D8+E8 F8”更正为“=B8+C8+D8+E8+F8”，然后按下键盘上的 Enter 键，即可得到正确的运算结果，从而解决该问题，如图 9-13 所示。

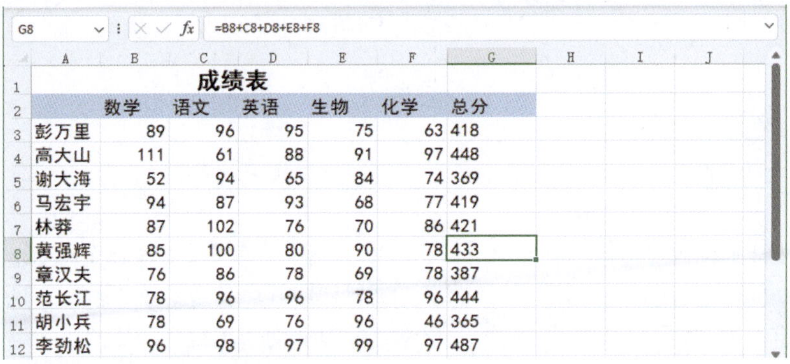

G8 =B8+C8+D8+E8+F8

	A	B	C	D	E	F	G
1	成绩表						
2		数学	语文	英语	生物	化学	总分
3	彭万里	89	96	95	75	63	418
4	高大山	111	61	88	91	97	448
5	谢大海	52	94	65	84	74	369
6	马宏宇	94	87	93	68	77	419
7	林莽	87	102	76	70	86	421
8	黄强辉	85	100	80	90	78	433
9	章汉夫	76	86	78	69	78	387
10	范长江	78	96	96	78	96	444
11	胡小兵	78	69	76	96	46	365
12	李劲松	96	98	97	99	97	487

图 9-13

9.2 使用 Excel 公式工作时的常见问题

在处理工作表时，用户经常需要使用公式来计算数据。本节将详细介绍公式中可能出现的错误，并提供避免这些错误的方法和技巧。

9.2.1 空白但非空的单元格

有些单元格看起来没有任何内容，但使用 ISBLANK 函数或 COUNTA 函数进行判断或统计时，这些看似空白的单元格仍然被计算在内。例如，将公式"= IF(A1<>""," 有内容 ","")"输入到单元格 B1 中，用于判断单元格 A1 是否包含内容。如果 A1 有内容，则返回"有内容"，否则返回空字符串，如图 9-14 所示。

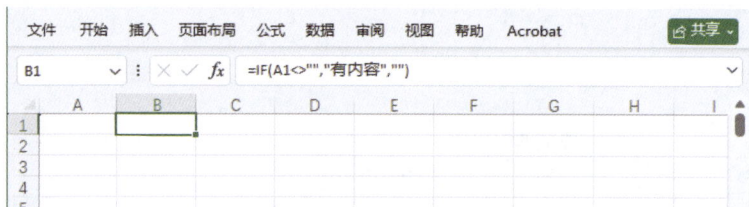

图 9-14

当单元格 A1 无内容时，单元格 B1 显示为空白。用户可能认为单元格 B1 是空的，但实际上并非如此。如果使用 ISBLANK 函数进行测试，会发现该函数返回 FALSE，说明单元格 B1 非空，如图 9-15 所示。

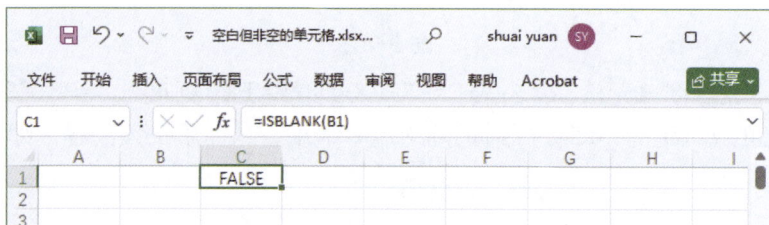

图 9-15

9.2.2 循环引用

如果单元格的公式中引用了公式所在的单元格，当按 Enter 键输入公式时，会弹出【Microsoft Excel】对话框，提示当前公式正在循环引用其自身，如图 9-16 所示。

单击【确定】按钮后，公式会返回 0，然后可以重新编辑公式以解决循环引用的问题，如果公式中包含了间接循环引用，Excel 将使用箭头标记来指出循环引用的根源。

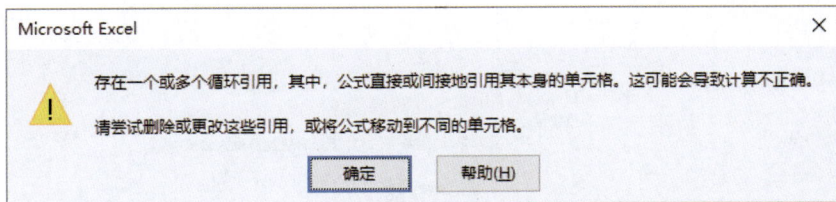

图 9-16

在大多数情况下，循环引用是公式错误。然而，有时可以利用循环引用巧妙地解决问题。如果准备使用循环引用，首先需要开启迭代计算功能。下面详细介绍其操作步骤。

第 1 步 启动 Excel，执行【文件】→【选项】命令，如图 9-17 所示。

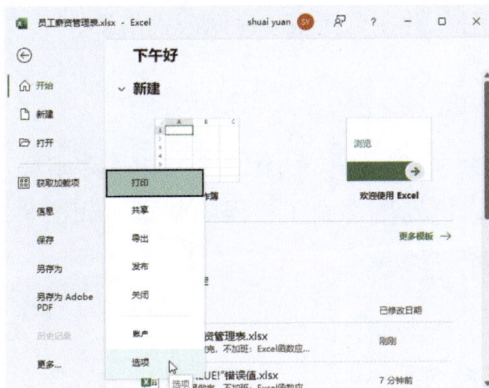

图 9-17

第 2 步 弹出【Excel 选项】对话框，① 选择【公式】选项卡；② 在对话框右侧选择【启用迭代计算】复选框；③ 在【最多迭代次数】微调框中输入准备修改的数字，该数字表示要进行循环计算的次数；④ 在【最大误差】文本框中，输入准备修改的数值；⑤ 单击【确定】按钮，即可完成开启迭代计算功能的操作，如图 9-18 所示。

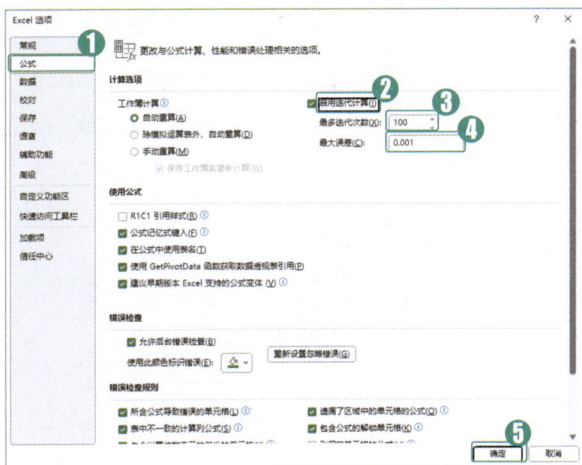

图 9-18

9.2.3 括号不匹配

此类错误在输入公式并按 Enter 键后很常见，Excel 会显示错误信息，并且不允许公式被输入到单元格中，如图 9-19 所示。

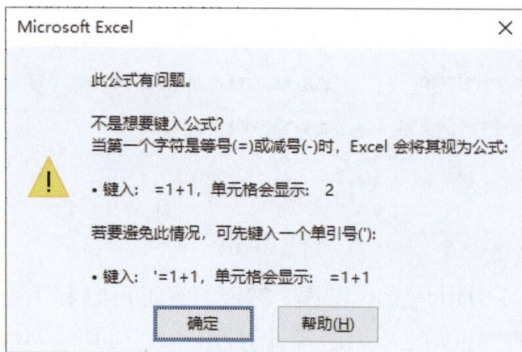

图 9-19

该错误通常是由于用户只输入了左括号或右括号。如果用户输入函数后只输入了左括号，Excel 在按下 Enter 键后会自动补齐缺少的右括号，并在单元格中显示公式结果。

9.2.4　显示值与实际值

本例将单元格 A1、A2、A3 中的值设置为保留 5 位小数。然后在单元格 A4 中输入了一个求和公式，用于计算单元格 A1:A3 的总和，但发现得到了错误的结果，如图 9-20 所示。

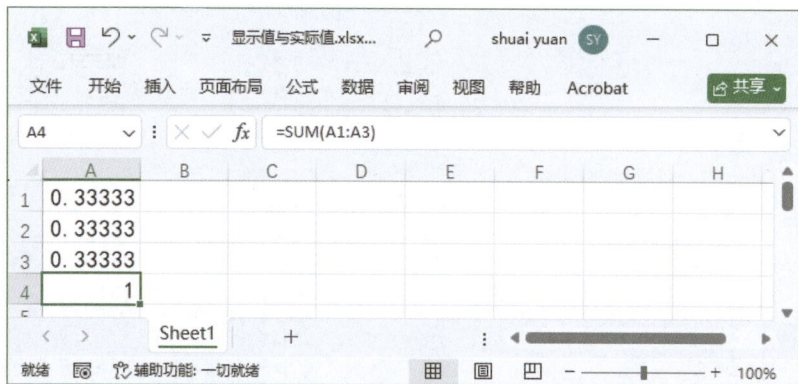

图 9-20

这是因为公式使用的是区域 A1:A3 中的真实值，而不是显示值。用户可以打开【Excel 选项】对话框，① 选择【高级】选项卡，然后在【计算此工作簿时】区域下方，② 勾选【将精度设为所显示的精度】复选框，③ 单击【确定】按钮，Excel 将使用显示值进行计算，如图 9-21 所示。

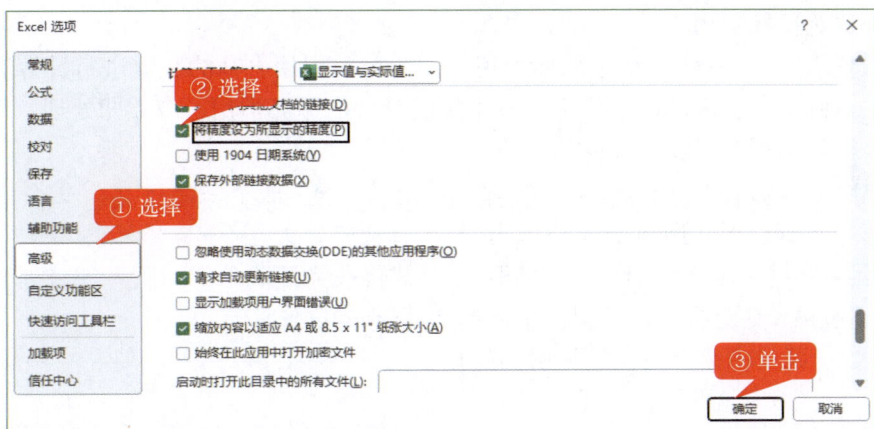

图 9-21

9.2.5 自动重算和手动重算

在第一次打开或编辑工作簿时，系统会默认重新计算工作簿中的公式。通过设置公式计算方式，可以避免不必要的计算，减少对系统资源的占用。

打开准备设置公式计算方式的工作簿，执行【文件】→【选项】命令，弹出【Excel 选项】对话框，选择【公式】选项卡，在【计算选项】区域中，选中【手动重算】单选按钮，并勾选【保存工作簿前重新计算】复选项，单击【确定】按钮，完成设置公式计算方式的操作，如图 9-22 所示。

图 9-22

9.2.6 处理意外循环引用

当公式的返回结果需要依赖公式自身所在的单元格中的数值时，无论是直接依赖还是间接依赖，都称为循环引用。

在默认情况下，Excel 中禁止循环引用，因为公式引用自身的数值进行计算将导致无限循环，无法得到结果。因此，如果工作表中出现意外的循环引用，应立即处理。下面详细介绍处理意外循环引用的步骤。

第1步 打开本例的素材文件"区域销售统计.xlsx"，① 选择【公式】选项卡；② 单击【公式审核】组中的【错误检查】下拉按钮；③ 在弹出的下拉菜单中选择【循环引用】菜单；④ 在弹出的子菜单中选择包含循环引用的单元格名称，如图 9-23 所示。

第2步 系统会自动选中包含循环引用的单元格，如图 9-24 所示。将单元格中的公式修改为正确公式，即可完成处理意外循环引用的操作。

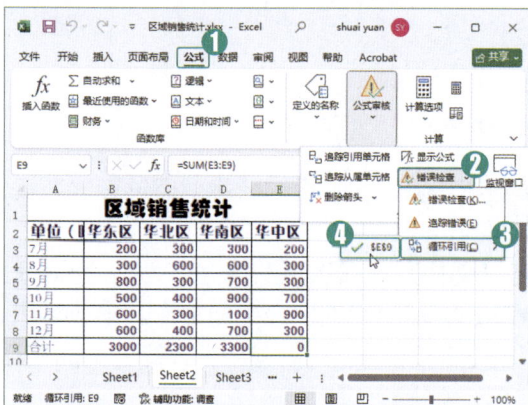

图 9-23

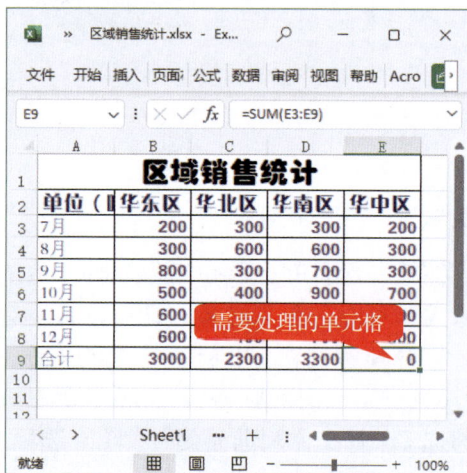

图 9-24